빛깔있는 책들 ●●●
256

거문도와 백도

글 | 김준옥 · 사진 | 황의동

대원사

저자 소개

| 글 |

김준옥

전남 장흥에서 태어나 공주사대 국어교육과를
다녔고, 전남대와 전북대 대학원에서 국문학을
전공했다. 문학박사. 현재, 여수대학교 교수로
재직중이며 여수지역사회연구소 이사장도 맡
고 있다. 주요 논저로는 『여수 아으동동다리』,
「순정문학연구」, 「고시가와 원시 종교 사상」
「고려가요 장생포의 창작 배경에 관한 연구」
등이 있다.

| 사진 |

황의동

전남 보성 출생. 현재, 한국사진작가협회 저작
분과 부위원장으로 있으며 순천 청암대학 사진
학 강사로 재직 중이다. 주요 수상 경력으로는
'프랑스 국제사진전 대상', '유네스코 국제사
진전 일본항공상', '영국 국제사진전 우수상',
'핫셀브라드 국제사진전 우수상', 'KBS 한국
사진대전 특별상', '제물포 사진대전 대상',
'한국 디자인대전 금상', '일본 올림포스 국제
사진전 연 2회 입상' 했다. 여수 엑스포 세계 홍
보물 사진을 담당하였다. 여수를 사진에 담아
그 아름다움을 전하는 인터넷 사이트도 운영
중이다. 홈페이지 주소 http://www.h1000.com

삼백 리 뱃길

여수 10경을 지나 푸른 바다로

파란 융단 같은 바다, 옹기종기 떠 출렁이는 섬들 사이로 쾌속선이 질주한다. 하얀 갈매기들은 하늘을 날고, 푸른 물결은 하얀 포말로 부서져 고물을 따른다. 여행객들은 참으로 아름다운 수채화를 감상하고 있다는 착각에 빠진다. 다도해의 환상적인 자연에 잠시 취하다 보면 어느새 눈앞에 다가오는 남해의 마지막 보석, 거문도와 백도를 만난다.

거문도는 여수항에서 뱃길로 삼백 리, 한 시간 반 남짓이면 닿는다. 여수항은 저 중국의 '소상 8경'을 압도하는 빼어난 절승이 주위를 감싸고 있다. 그래서 옛날 여수 사람들은 여기에 2경을 더해 10경을 노래했다. 좌수영 성

거문도 바다 거문도는 여수항에서 뱃길로 삼백 리, 한 시간 반 남짓이면 닿는다. 고도, 서도, 동도 세 섬들이 방파제처럼 둘러쳐져 내해를 이룬다.

안의 호각소리가 새벽 성벽을 넘는다. 마래산 위로 아침 햇살이 찬란히 솟아오르고 오동도가 푸른 물결 속에서 붉은 동백꽃을 피운다. 예암산에서는 목동들의 풀피리 소리가 들려오고, 아지랑이 나불나불 아른거리는 봉강 언덕이 지척이다. 만선의 고깃배들이 뱃노래를 흥겹게 부르며 포구로 돌아오면 한산사의 저녁 종소리가 은은하다. 고소대 위로 달빛이 황홀하게 떠오른다. 여기에다 '평사낙안(平沙落雁)'과 '원포귀범(遠浦歸帆)' 2경을 더해 보라. 어디 소상 8경에 비할 바였겠는가? 지금도 여전히 일출과 월출이 장관이고, 항구 주위에 들어선 카페의 불빛이 발길을 잡는다. 좌수영의 마지막 터주 진남관은 아직도 그 늠름한 위용이 장엄하다.

여수항에서 싱싱한 생선을 곁들인 끼니를 해결하고 거문도행 배에 오르면 출항을 알리는 뱃고동 소리가 끊기기도 전에 만나는 섬은 장군도이다.

둘레가 600미터밖에 안 되는 작은 무인도이지만 여수항 경치의 중심에 있다. 이 섬은 1497년(연산군 3)에 수군절도사 이량(李良) 장군이 왜구의 침입을 막기 위하여 쌓은 우리나라 유일의 수중성(水中城)으로 유명하다. 해안에는 이를 기념해 '장군성(將軍城)'이라 음각된 비석을 세워 두었다. 수백 년 세월 속에서도 비문만큼은 참으로 힘이 넘친다.

숨 돌릴 사이도 없이 눈에 들어오는 것은 돌산도를 뭍으로 바꾸어 놓은 돌산대교이다. 여수 남산동과 돌산 우두리 사이에 놓여진 이 다리는 길이 450미터, 폭 11.7미터의 사장교이다. 1980년 12월에 공사를 시작하여 1984년 12월에 완공되었다. 원래 이곳의 뱃길은 조류 속도가 초속 3미터나 되고 오동도를 비롯한 해상국립공원 일대를 운항하는 유람선뿐만 아니라, 여수항에 들고나는 대형 선박들의 주요 항로였다. 그래서 모든 배들이 자유롭게 왕래할 수 있도록 양쪽 해안에 각각 높이 62미터의 강철로 탑 한 개씩을 세우고 56~87밀리미터 강철 케이블 28개로 몸체를 묶어 다리를 완성했다.

이 다리가 완공됨으로써 돌산은 외롭지 않은 육지로 변했고 향일암, 방죽포 해수욕장, 무술목 유원지, 수산종합관 등도 승용차로 쉽게 여행할 수 있게 되었다. 저녁에는 아름다운 오색의 형광 조명이 뭇사람들의 눈을 붙들고 잔잔한 가슴을 설레게 한다. 이제는 교통량이 너무 늘어 자산 공원과 돌산을 잇는 다리가 하나 더 세워지고 있다.

돌산대교 밑을 서서히 빠져 나오면 왼쪽으로 경호도가 나타난다. 나지막한 지형이 편한 느낌마저 드는데, 수백 년이나 되었을 법한 두 그루의 소나무가 마치 험한 세월을 견디어 온 듯 뱃길에서는 분재처럼 보인다. 옛날, 어느 노부부가 이 나무를 심고 자식처럼 키우면서 무럭무럭 자라 마을을 지키는 이정표가 되라는 유언을 남기고 세상을 뜨게 되었다. 후세 사람들이 당집을 세워 그 혼을 달래고 풍농과 풍어를 비는 제를 올렸다고 한다. 마을 배들은 당집을 지나갈 때는 동력을 잠시 멈추고 무사한 뱃길을 점지해 달라는

경호도 당집 나무 위쪽 것을 할아버지나무, 아래쪽 것을 할머니나무라고 하며 그 앞에 당집을 세워 그 혼을 달래고 풍농과 풍어를 비는 제를 올렸다고 한다.

기도 후에 다시 출발한다고 한다. 바다를 생업의 터전으로 가꾸고 살아가는 섬 사람들에게 이 같은 의식은 그들만의 소박한 신앙이었으리라.

　여기에서 남쪽으로 조금 높아 보이는 산이 있는데, 바로 성산이다. 그 아래에 옛날에는 성터가 있었다고 하는데, 날씨가 흐리고 파도가 치는 밤이면 여기에서 가냘픈 여인의 흐느끼는 목소리가 들렸다고 한다. 그 여인은 고려 시대 어느 왕의 후궁이었으나 임금 앞에서 그만 무례한 짓을 저지르고 이곳으로 유배되어 와서 살았다고 한다. 귀향 올 때 몸에 담아 왔던 왕자까지 낳았는데, 왕(王) 씨 성을 쓰지 못하고 대신 여(呂) 씨를 썼다고 한다. 그러므로 성산 여씨의 세거터는 경상북도 성산이 아니라 바로 이곳이라는 이야기도 있다. 후궁은 울면서 왕 곁으로 돌아가길 간절히 기원했으나 그 뜻을 이루지 못한 채 파도치는 밤의 원귀가 되어 그렇게 구슬프게 운다고 한다.

　경호도 곁을 빠져나가도 아직 호수 같은 바다. 동쪽 대미산과 소미산 사이로 좁은 목이 나 있다. 무술목이다. 갑판에서 보면 해협처럼 보이나 실상 돌산을 남북으로 연결하는 중요한 요충 지역이다.

이런 지리적 조건을 이용하여 정유재란(1597) 다음해 무술년, 충무공 이순신 장군이 제 나라로 도망치던 왜적을 이곳으로 유인하여 왜선 60여 척과 왜군 300여 명을 섬멸시켰다는 곳이다. 그래서 무술목 또는 무서운목으로 불렀다는 이야기도 있지만, 무술목은 '물' 의 고어인 '믈' 에 사이 'ㅅ' 이 붙은 '믈ㅅ목' 이 '뭇의목 →무스목 →무수목 →무술목' 으로 변화된 말이 아닐까 생각된다.

무술목 해안은 반들반들한 잔돌이 길게 밭을 이루고 있어 피서지로도 그만이다. 요즘은 이곳에 자리잡은, 바다 세계를 살필 수 있는 수산종합관을 찾는 사람도 많다. 편하게 오를 수 있도록 잘 정비된 산책로를 따라 대미산 정상에 서면 북으로는 무술목이 눈 아래 훤히 보이고, 남으로는 둔전마을이 한눈에 들어온다. 이곳은 옛날 왜구들의 침입에 대비하여 산성을 쌓고 봉화를 올렸던 봉수이기도 하다. 해발 359미터의 대미산을 감싸고 도는 달암산성은 옛 자취 그대로다. 높이가 4~5미터, 지름은 75미터나 되게 돌로 동그랗게 쌓았다. 주위에는 우물과 봉화대의 흔적이 아직 남아 있다. 무술목과 달암산성을 아스라이 바라보고 있자니 어느새 쾌속선은 최고 속력으로 달린다. 시속 30~40노트. 자동차 속력으로 치자면 60~70킬로미터 정도이다. 눈 안에 들어왔다가 사라지는 크고 작은 섬들. 하늘에는 아직도 따르는 갈매기들이 기운차다. 운이 좋은 날은 물 밖으로 튀어 오르는 돌고래들의 신나는 쇼도 볼 수 있다.

넓은 바다로 나가기 바로 전, 배는 백야도(白也島)와 제도(諸島) 사이를 지난다. 백야도 중앙은 하얀 바위산이 우뚝하다. 그래서 흰섬이라 부르기도 하는데, 그 형세가 마치 호랑이 같다 해서 산 이름도 백호산이라 했다. 옛날, 이 섬 전체는 군마를 사육하던 목장이었다. 지금은 그 흔적을 찾을 수 없고 성터와 봉화대 기단 일부만 잡풀 속에 남아 있다. 제도는 제비처럼 생겼다 하여 그렇게 부른다.

유람선 다도해의 환상적인 자연에 잠시 취하다 보면 어느새 눈앞에 다가오는 남해의 마지막 보석, 거문도와 백도를 만난다.

제도 뒤편으로 천제산과 봉화산이 개 귀처럼 쫑긋하게 솟아 있는 섬이 개도이다. 개도에는 특별한 벅수가 있다. 서 있는 위치로 보거나 형상으로 볼 때, 그 벅수는 돌림병이나 왜구와 같은 잡것의 침입을 막아 주고, 땅기운이나 수구가 허한 곳을 다스려 산천을 비보하는 신상(神像)이나 다름이 없다. 벅수가 신체인 것은 가슴에 새겨진 명문으로 알 수 있다. 곧, 개도 벅수에는 '남정중 · 화정려(南正重 · 火正黎)'라 음각되어 있다.[1]

그림 같은 백야도 등대가 뱃길을 터주면 드디어 호수 같은 가막만을 빠져 넓은 바다에 든다. 그래도 크고 작은 섬들은 띄엄띄엄 물 위에서 더 거세게 출렁인다. 까막섬을 뒤로 하고 맨 먼저 닿은 곳은 손죽도(巽竹島). 이 작은 섬에도 조국을 위해 목숨을 내놓은 젊은 장군의 붉은 넋이 묻혀 있다.

이대원(李大源) 장군은 명종 21년(1566) 경기도 평택에서 태어나 1586년 약관의 나이에 녹도만호로 임명되어 지금의 고흥 녹동에 와 있었다. 임진왜란이 일어나기 6년 전이었다. 당시에도 왜구들은 남해 일원을 끊임없이 노략질하고 있었다. 이에 항상 전선과 병기를 점검 보수하고 규율을 엄격히 하

여 출전 태세를 갖추고 있었다. 그러던 1587년 수많은 왜구들이 남해에 출몰
했다. 이 장군은 이들을 소탕하라는 전라좌수사 심암(沈岩)의 명령을 받고
겨우 100여 명의 군사를 거느리고 거센 파도를 넘어 손죽도 앞 바다에 이르
렀다. 때마침 왜적들이 달려들었다. 중과부적이었다. 힘이 부쳤다. 3일간이
나 격전을 벌였지만 그들을 이길 가망이 없었다. 장군은 비통한 절명시(絶
命詩)[2]를 손가락을 잘라 피로 쓴 다음 옷 속에 감추고 분전하다가 끝내 붙잡
힌 장군은 왜구의 돛대 위에 매달린 채 처참한 죽음을 당하였다. 그 날은
1587년 2월 17일이었다.

　손죽도 사람들은 장군을 잃게 되자 이 섬의 이름을 큰 인물을 잃었다는
뜻으로 '손대도(損大島)' 라 하였다 한다. 이 장군의 절명 소식을 전해 듣고
사람도 울고, 바다도 울고, 땅도 울었다 한다. 해안 지방의 아녀자들은 물론
기생들까지 주먹으로 눈물을 훔치며 펑펑 울었다고 한다.

　손죽마을을 조금 걸어 오르면 60여 평 대지에 5평 남짓한 단칸 집, 기와
팔작지붕에 여닫이문이 쌍으로 나 있고, 그 안에 장군의 위패가 모셔져 있는
충렬사를 만난다. 장군의 비장한 절명시를 낭송하고 있는 듯 느티나무 고목
의 인상이 대단히 강렬하다.

　손죽도를 빠져 나오면 얼마 못 가서 초도(草島)가 보인다(손죽도를 경유
하는 배는 초도를 거치지 않지만, 손죽도에 기항하지 않는 배는 초도 의성

거문도 전경 성난 파도가 일렁이는 녹문을 지나면 거짓말처럼 잔잔하게 펼쳐진 호수가 나타난다. 드디어 거문항에 도착한 것이다.

선착장에 닿는다). 이 섬에서는 고기잡이를 주업으로 하는 일반 섬 마을과는 다르게 농사도 상당히 짓고 있다. 상산봉에서 흘러내린 산세가 완만할 뿐더러, 물도 많고 거기다가 토질이 비옥해서 농사가 제격이라고 한다. 지금은 흔치 않지만, 얼마 전까지만 해도 섬 사람들의 특별한 장례 풍습인 초분을 쉽게 볼 수 있었다.

드디어 거문도가 나타났다. 두어 시간을 단숨에 달려왔다. 녹산 등대가 제일 먼저 여객선을 맞는다. 물결이 바다 위를 또르르 구르는 구슬과 같다면 사슴뿔처럼 생겼다는 녹산(鹿山)의 평퍼짐한 산물량은 구슬치기에 적당한 놀이터처럼 보인다.

속력을 줄여 산모퉁이를 돌아들면 닿은 것처럼 보였던 섬이 서로 떨어져 있다. 섬과 섬 사이는 좁은 해협이다. 이 해협을 녹산 아래에 있다 해서 녹문(鹿門)이라 한다. 밖은 물결이 일지 않다가도 녹문을 지나면 파도가 크게 일어 검문이라도 하듯 거문도에 드는 선박을 그냥 들여보내지 않는다. 이 성난 파도를 헤치고 지나야 거짓말처럼 펼쳐진 잔잔한 호수가 나타난다. 눈짐작으로도 족히 100만 평은 되어 보인다. 여객선은 천천히 거문항에 입항한다.

삼도·삼호, 거문도

큰 선비의 섬 거문도

지금으로부터 약 6,000만 년 전, 한반도는 커다란 지각 변동을 일으켰다. 남해는 내려앉고 반도는 주름이 졌다. 이후 긴 풍화 작용과 해수의 침식 등으로 현재와 같은 뭍과 연안의 기묘하고도 아름다운 지형이 만들어졌을 것으로 본다. 거문도 일대의 섬들도 이런 과정 속에서 우리나라의 부속 도서로 태어났다.

거문도 하면 보통 고도(孤島ㆍ古島), 서도(西島), 동도(東島) 세 섬을 말한다. 그래서 삼도(三島)라 부르기도 한다. 또, 이 세 섬들이 방파제처럼 둘러쳐져 내해를 이루고 있어 삼호(三湖), 삼주(三洲), 석주락포(石洲樂圃) 등의 다른 이름도 있다. 거문도에서 나고 자라 고향에 대한 많은 기록을 남기고 있는 귤은(橘隱) 김류(金瀏, 1814~1884년)[3] 선생은 삼호를 즐겨 썼다.

삼도 중에서는 서도가 200만여 평으로 가장 넓고, 동도는 그 절반 정도가 된다. 두 섬 사이에 있는 고도는 33만여 평으로 가장 작지만 여수 삼산면의 행정 기관들이 몰려 있는 거문도의 중심이다. 백도도 행정적으로는 거문리에 속한다.

거문도는 그 이름의 유래가 조금 특이하다. 조선 태조 5년(1396)에는 그냥 삼도라고 불렸으며, 왜구와 같은 오랑캐들의 침범이 잦아 '왜도(倭島)' 혹은 '이섬(夷섬)'이라 했다. 1845년에는 영국 해군이 제주도 근해를 측량하던 중 이 섬을 발견하고 함장 포트 해밀턴(Port Hamilton)의 이름을 따 '해밀턴 항(한자 표기는 寶島合米屯 또는 寶島合米敦)'이라고 하였다.

영국 해군이 들어왔을 때, 귤은 선생과 그들 사이에는 상당한 의사 소통이 이루어졌던 것 같다. 1854년(철종 5) 러시아 함대가 불법으로 입항했을 때도 김류 선생과 서도 장촌 출신의 만회 김양록 선생이 러시아 함선에 올라

글씨를 써가며 이야기를 나누었다고 한다. 이때, 영국군이나 러시아군 모두가 두 학자의 해박한 식견에 감탄해 마지 않았는데, 그래서 클 '거(巨)'에 글 '문(文)'을 써 거문도라 부르게 되었다고 한다. 고종 때는 이곳에 왜적들을 방어할 목적으로 거문을 이름으로 한 진(鎭)을 설치하였다.

다른 섬들과 마찬가지로 여기도 그리 높지 않은 산이 섬 전체를 거느리고 있다. 서도는 수월산(128미터)과 음달산(237미터)이 남동—서북 방향으로 이어져 오르락내리락 능선을 이루고 있고, 동도는 북단의 망양봉(246미터)과 남단의 망치산(227미터) 및 대석산이 조금 우뚝하다. 서도와 동도 사이에 있는 고도는 가장 높은 봉우리가 108미터밖에 되지 않는 회양봉이다.

서도, 동도, 고도 세 섬이 천혜의 방파제처럼 구실을 하고 있는 내해는 그 물결이 여인의 속살을 감추고 있는 얇은 비단 같기도 하고 고운 얼굴을 금방이라도 내밀 것 같은 거울 같기도 하다.

삼도, 삼호는 동경 127도 16분~127도 20분, 북위 34도~34도 03분 사이에 위치하며, 극간 거리는 남북 6.9킬로미터, 동서 5킬로미터이다. 여수에서는 114.7킬로미터, 제주도까지는 110킬로미터 정도 떨어져 있다. 천혜의 비경 백도를 비롯해서 삼부도 등이 이웃처럼 가까이에 있다.

멀리 동으로는 일본의 규슈 고토(五島) 열도가 펼쳐져 있고, 서쪽에는 제주도가 떠 있다. 북으로는 고흥·여수와 마주하고 있으며, 남쪽은 동중국해와 접해 있다. 육지와의 직선 거리는 고흥과 가장 가까워 옛날에는 이 지역과의 왕래가 제일 잦았다.

거문도는 이미 삼국시대부터 이웃 초도나 손죽도 등과 함께 현재의 고흥인 흥양현에 속해 있었다. 1414년(태종 14)부터는 행정적으로는 흥양군에, 군사적으로도 흥양 발포진에 속했다. 1711년(숙종 37)에는 군정이 통영으로 이관되자 이곳에 별장 또는 둔별장을 두었다.

1855년(철종 6)에는 군정은 통영위(統營衛) 산하 흥양군 발포진으로, 일

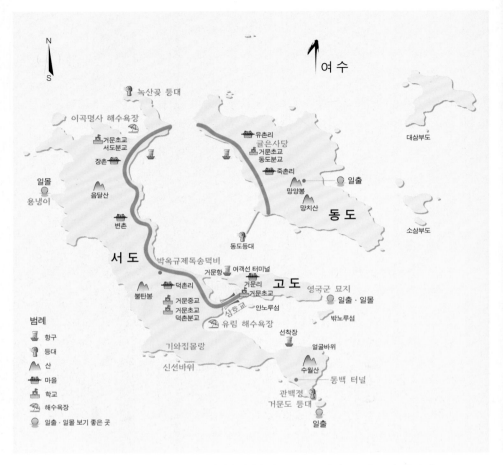

거문도 행정구역상 전라남도 여수시 삼산면에 위치한 거문도는 동도와 서도 그리고 고도의 세 섬으로 구성되며, 고도와 서도는 삼호교로 연결되어 있다. 거문도는 여수에서 남으로 114.7킬로미터, 제주에서 북으로 110킬로미터 거리에 있는 섬이다.(위)

하늘에서 본 거문도(옆면)

반 행정도 다시 흥양으로 귀속되었다. 1896년 2월, 지방 제도 개혁에 따라 삼도는 처음에는 남원이 수부가 되었다가 다시 광주로 바꾼 돌산군에 예속되었다. 이때 서도가 행정 중심이 된 삼산면이 탄생한다. 그러다가 1908년 면사무소를 서도리에서 고도로 옮겼다. 1914년 3월에는 일제의 지방 행정구역 개편에 따라 삼도는 여수군 관하로 들어가게 되었다. 1949년 8월, 여수시의 승격으로 거문도는 여천군 삼산면 관할이 되었다가 1998년 4월 여수시, 여천시, 여천군이 하나로 통합되면서 여수시에 속하게 되었다.

사계절이 빚어낸 환상의 섬

거문도는 위도상으로 뚜렷한 사계절을 볼 수 있는 온대 계절풍 기후 지역에 속한다. 그러나 여름철에는 고온 다습하지만 바다에서 불어오는 바람의 영향으로 시원한 편이고, 한겨울에도 한랭 건조한 북서풍이 불더라도 눈을 볼 수 없는 따뜻한 해양성 기후를 나타낸다.

연평균 기온은 14도, 강수량은 1,400밀리미터 정도이다. 그래서 아열대 식물과 난대성 식물들이 잘 자란다.

이 지역에 대한 식물 분포에 대한 조사보고서에 의하면(정태현·이우철, 「거문도식물조사연구」, 『성대논문집 11』. 1996. 참조) 거문도에는 107과 290종 69변종 3품종으로 총 363종의 식물이 서식하고 있다는 사실이 밝혀졌다. 곧, 동백나무·보리장나무·곰솔과 같은 교목과 돈나무·넓은잎사철나무·박달목서·송양나무·거문도벚나무와 같은 관목, 털머위·왕모시풀·번행초·쑥·개밀·밀사초·닭의장풀·산괴불주머니·바랭이·털인동·갯까치수영·멍석딸기 등의 초본들이 자라고 있다. 과거에는 지천으로 많았다는 풍란과 엽란 등은 얼마나 사람들의 손을 탔는지 이제 사람의 발길이 닿지 않는 으슥한 곳에 얼마간 꼭꼭 숨어 있을 뿐이다.

거문도 주변의 해류는 여름철 제주도 서쪽으로 북상하는 쿠로시오 난류 중 일부는 서해로 북상하고, 일부는 거문도 남쪽을 통과하여 제주도의 동쪽에서 북상한 분류와 합쳐져 동해안으로 진입한다. 겨울에는 서해에서 남하하는 해류의 영향을 받으며 쿠로시오 해류의 세력이 약화된다.

남해안의 연중 표층 수온은 9.9~30.8도, 저층 수온은 9.1~25.2도로 2월이 가장 낮고 8월이 가장 높은데, 거문도 역시 표면 해수의 평균 온도는 2월이 11.69도로 가장 떨어지고 8월이 24.07도로 가장 높이 올라간다.

거문항 거문도는 우리나라 남해안의 어업 전진 기지로, 거문항은 상항과 어항, 대피항 등으로서의 기능을 다 갖추고 있다.

　거문도 연안 수온은 여름철에 제주도는 물론 여수보다 시원하고 겨울철에는 제주도보다는 차가우나 완도나 여수에 비하여 4~5도 가량 따뜻하다. 이는 거문도 해역이 여수나 완도처럼 대기의 영향을 크게 받지 않을 뿐더러 쿠로시오 난류의 영향도 제주도보다 적게 받기 때문으로 보인다.

　염분 농도는 2월이 약 34퍼밀로 가장 높고, 8월이 약 32퍼밀 정도로 가장 낮은 분포를 보이며, 해수 중에 용해되어 있는 용존산소량은 표층에서 4.04

수월산 수월산의 거문도 등대부터 서도의 뒤쪽 해안과 동도 뒤쪽 해안은 큰 바다에서 밀려오는 파랑 등으로 인해 기암 괴석들로 높은 절벽을 이룬 해식애가 발달하여 절경을 보여 준다.

~6.45피피엠 해저에서는 3.53~6.69피피엠의 범위를 보여 표층과 해저 간의 차이가 별로 나타나지 않는다. 아마 해수의 유동 현상이 자유롭기 때문일 것이다. 이 같은 자연 조건에다가 특별한 오염원이 없어서 거문도 연안은 해조류가 번식하기에도 좋다. 또 홍합 · 전복 · 소라 · 배말 등 패류의 서식과 갈치 · 삼치 · 돔 · 방어 등 고급 어종들의 월동 및 산란장으로도 매우 적합하다.

특히, 톳·미역·우뭇가사리·모자반·대황·감태·청각 등 바다 식물의 천연적인 산지로 널리 알려져 있다. 조류의 높이에 따라 오르내리는 조간대 바위에는 가장 위에 총알고둥류가 살고 그 아래로 조무래기따개비·검은큰따개비·거북손·담치류·굴 등이 층을 형성하며 마음껏 살고 있다.

1918년 3월 일본 사람들이 주축이 되어 어업조합이 설립된 이래 1923년 지정항으로 승격되어 세관 출장소가 문을 열었고, 1929년에는 지정 어업조합으로 격이 높아지는 등 해방 이전까지 거문도는 우리나라 남해안의 어업 전진 기지였다. 해방 이후에도 어업 기본 시설이 들어서고 증식 사업과 수산물 가공 시설이 확장되는 등 어업 전진 기지로서의 갖출 것은 다 갖추게 되었다. 곧, 거문항은 상항(商港)과 어항(漁港), 대피항(待避港) 등으로서의 기능을 다 갖추고 있는 것이다.

세 개의 섬이 원을 이루고 있다시피 한 거문도는 밖은 급경사에다 물깊이도 40~50미터나 되고, 안쪽은 완만한 경사에 수심도 2~15미터로 그리 깊지 않은 편이다. 이는 조류와 연안류, 파랑에 의하여 형성된 거문도 해안의 특징이기도 하다.

수월산의 거문도 등대부터 서도의 뒤쪽 해안 및 동도 뒤쪽 해안은 큰 바다에서 밀려오는 파랑 등으로 인해 기암 괴석들로 높은 절벽을 이룬 아름다운 해식애가 발달했다. 파식에 의하여 약한 부분은 동굴이나 아치를 이루고, 단단한 부분은 돌출하거나 깎아 만든 듯한 여러 가지 모양의 절벽이 형성되었다. 수많은 세월 동안 얼마나 큰 파랑이 일었고 얼마나 강한 바람이 불었는지 어림짐작도 하지 못할 정도이다.

이렇게 거문도 바깥 해안에서 깎기고 닳은 모래들은 삼호로 들어와 다듬어지고 다듬어져 큰 것은 '몽돌 해변'을 만들었고, 작은 것은 덕촌의 유림 해수욕장과 장촌의 이끼미 해수욕장처럼 사빈(砂濱, sand beach)을 형성했다.

풍운의 섬, 고도

행정과 경제의 중심, 고도

섬 여행은 낭만적이고도 모험적이다. 거문도와 백도는 파란만장한 풍운의 역사와 아름다운 자연 비경을 동시에 가지고 있기 때문에, 낭만이나 모험 말고도 여기에 역사에 대한 접근이 더 필요하다.

육지와 멀리 떨어져 있는 절해의 고도에 언제부터 사람들이 살았는지 정확하게는 알 수 없다. 다만, 이곳에서도 석기시대의 유물들이 얼마간 발견된 바 있고, 조개더미(貝塚)나 고인돌 등도 조사된 바 있어 육지와 같은 시대, 곧 이미 수천 년 전부터 사람들이 살았을 것으로 추정한다.

장촌 뒤에 있는 이끼미 해안 모래밭에서는 기원전 1세기부터 기원후 3세기에 걸쳐 중국 한나라 시대에 사용된 화폐 오수전(五銖錢)이 1976년에 980점이나 발견되었다. 이는, 거문도가 이 화폐를 사용하던 시기에 벌써 중국과의 교역이 있었거나 동북 아시아의 중요한 항로였음을 추정해 볼 수 있는 증거가 된다.

처음에는 서도와 동도 두 섬에만 사람들이 살았지만 고도는 1885년 영국군의 불법 점거와 일본인들이 살기 시작한 이후로 개발이 가속된다. 이후 고도는 서도나 동도보다 더 많은 인구가 유입되었으며, 거문도의 행정과 경제의 중심이 되었다.

배에서 내리자마자 만나는 풍경은 여느 섬들과는 조금 다른 느낌이 든다. 마을 깊숙하게 요새처럼 터져 있는 개구석을 따라 해안가로는 다방과 식당들이 즐비하고, 눈을 들어 보면 일본식 건물들이 보인다. 영국 해군이 이 섬을 점거했을 때 학문이 높은 사람들이 많아서 '거문'이라 하였다 하나, 이러한 풍경으로 보아 왜도(倭島)니 이섬(夷섬)이니 하는 말이 생겼음직도 하다.

해안가를 따라 길게 난 길을 200미터 정도 걷다 보면 수협 반대 방향으로

선착장 풍경 처음에는 서도와 동도 두 섬에만 사람들이 살았지만 1885년 영국군의 불법 점거와 일본인들이 살기 시작하면서부터 고도는 서도나 동도보다 더 많은 인구가 유입되었으며, 거문도의 행정과 경제의 중심이 되었다. 이런 역사적인 이유로 선착장의 풍경이 여느 섬과는 다르다.

청룡사에 이르는 길이 나온다. 이 절은 원래 일본 사람들이 들어왔을 때 세웠다고 하는데, 현재 옛 건물은 오간 데 없다. 콘크리트 슬래브 건물로 지어져 사찰 같은 느낌은 들지 않지만 나이 드신 비구니 스님이 혼자 거문도 사람들의 왕생극락을 빌고 있다.

가던 길로 다시 내려와 해안가를 따라 조금만 가다 보면 삼산면사무소 표지판이 보인다. 이를 지나 왼쪽의 좁은 골목길로 조금 더 오르면 일본식 신사 터가 나타난다. 원래 신사 건물은 토리이(鳥居, 일본 신사의 경내를 상징하는 문)에서부터 본 건물에 이르는 길에 석등(石燈)이 이어져 있으며 신사 내의 신성함을 유지하기 위해 신도들의 입과 손을 씻을 수 있는 물이 담긴 동이도 있다. 또, 신사를 수호하는 두 개의 사자 모양 조각상인 코마이누가

신사 터(위)와 신사 구조물(왼쪽) 거문도의 역사를 증언하고 있는 신사 터에는 토리이를 했던 문은 주춧돌만 양 옆에 잡풀로 덮여 있고, 석등은 윗부분이 없어진 채 몸체만 덩그렇다. 신사 터 바로 옆 아래쪽에는 면사무소, 파출소, 우체국 등 행정 기관들이 옹기종기 모여 있다.

본당의 문 앞에 자리한다.

　그런데 신사 터에는 토리이를 했던 문은 주춧돌만 양 옆에 잡풀로 덮여 있고, 석등은 윗부분이 없어진 채 몸체만 덩그렇다. 석등 윗부분은 제자리를 찾아가지 못하고 현재 면사무소 정원에 안치되어 있다. 신사 시멘트 울타리는 자빠지고 넘어져서 흉물로 변했고, 헬기가 앉을 수 있도록 표시된 앞마당은 세월의 무상을 알리는 연약한 유채와 개망초 같은 잡풀이 바람에 힘없이 흔들리고 있다. 그 신사 터 바로 옆 아래쪽에는 면사무소, 파출소, 우체국 등 행정 기관들이 옹기종기 모여 있다.

열강들의 침략과 수난

거문도는 일본과도 가까운 거리에 있다. 직선거리로 규슈(九州)까지는 오히려 부산보다 더 가깝다(거문도와 부산의 거리가 198킬로미터이고, 거문도와 규슈의 거리가 161킬로미터임). 거문도는 이미 삼국시대부터 일본과 중국의 중간 기착지 역할을 했던 곳이다. 이러한 지리적 이점은 고려시대부터는 반대로 왜구들이나 해구들이 쉽게 침입할 수 있는 길목이 되기도 했다.

왜구들은 13세기부터 우리나라를 심하게 성가시게 했다. 특히, 고려 말 충정왕 · 공민왕 · 우왕에 이르는 사이가 가장 극심한 시기였다. 어떤 때는 70~100여 척의 배가 떼로 몰려와 우리나라 남해안을 노략질했는데, 이때 일본과 가까운 거문도가 가장 피해가 컸으리라는 것은 쉽게 짐작할 수 있다.

조선조에 들어서도 그들의 만행은 끊임없이 계속되었다. 조선 초기, 저들은 여러 차례 생떼를 써 자기들의 영토도 아닌 거문도에서 강제로 합법을 이끌어내 물고기를 다 잡아갔으며, 심지어 병기까지 싣고 다니며 노략질을 일삼기도 했다.[4] 이런 일련의 염치없는 침탈은 더욱 노골화되어 1587년(선조 20)에는 거문도를 거쳐 손죽도까지 침략하여 녹도만호 이대원 장군을 절명케 했다. 드디어 임 · 정 양란을 일으켜 한때 이 섬을 점령하기도 했다.

이에 충무공 이순신이 왜군을 격퇴한 후 별장과 노젓기를 도맡은 능로군(能櫓軍)으로 하여금 여기를 지키게 하였다. 능로군은 거문도 현지 주민들이 상당수 차출되었으므로 그들의 전쟁에 대한 고충은 충분히 헤아리고도 남는다.

조선 말기에도 저들의 야욕은 끊이지 않았다. 그러자 고종은 정해년(1887)에 이 거문도 동도에 거문진(巨文鎭)을 설치한 후 객사(客舍), 동헌(東軒), 내아(內衙), 책실(册室), 관청(官廳), 군관청(軍官廳), 진무청(鎭撫廳), 사

거문진터 흔적 조선 말기에도 왜구와 서구 열강의 거문도 침략 야욕이 끊이지 않자 고종은 1887년에 거문도 동도에 거문진을 설치하였으나 10년을 못 넘기고 종말을 고하고 말았다.

령청(使令廳), 관노청(官奴廳), 군기고(軍器庫), 봉세고(捧稅庫), 폐문루(閉門樓) 등을 시설하였다. 그러나 갑오경장 이후 일본의 강압에 못 이겨 수군이 완전히 해체되는 바람에 거문진도 10년을 못 넘기고 1895년 7월(고종 32) 종말을 고하게 된다.

1894년 동학농민운동이 일어나자 혹시 거문도를 거쳐 본토까지 쳐들어오지 않을까 두려워했던 일본군은 1개 소대가 서도 보로봉에 감시 초소를 설치하고 주둔했다가 되돌아갔다. 1904년 러·일 전쟁 때도 일본군은 이곳에 머무르면서 해저 전신을 깔고 무선전신소를 설치했는데, 전쟁이 끝나자 철수했다. 을사조약(1905)을 강제로 체결한 뒤 1907년에는 해산령에 반발한 특위군(特衛軍)이 거문도에 진입한다는 정보를 입수한 일본군은 1개 소대가 큰 샘터에 있던 일본인 소학교에 잠시 진을 치고 머물렀다가 역시 철수하기도 했다.

이렇게 거문도에 왜구가 자주 출몰했던 까닭은 아무래도 그들의 대륙 침략의 못된 근성에서 비롯되었다고밖에 볼 수 없다. 이 과정에서 가까운 거리에다 해류와 계절풍의 영향으로 자연스럽게 조일 항로가 형성되었고, 그들의 입맛에 맞는 해산물이 풍부해 먹을 것을 쉽게 해결할 수 있었다는 점도 크게 작용했을 것이다. 이런 지리적 강점으로 인해 거문도는 근대에도 한반도와 일본 간 해로상의 중간 기착지로서의 역할을 다한 곳이다.

1884년 10월 17일, 우정국 낙성식 잔치를 이용해서 국가의 자주 독립과 정치·경제·사회·문화 등 모든 분야에서 근대 국가를 수립하려는 강한 의지를 가지고 소위 갑신정변을 일으켰다가 3일 천하로 끝난 개화파의 거두 김옥균은 일본 정기 우편선으로 일본으로 망명하던 길에 거문도에 도착하여 시 한 수를 남기고 갔다고 전해진다.

1905년, 70 고령의 유학자 최익현(崔益鉉, 1833~1906년)과 임병찬을 비롯한 그의 제자들도 자신들이 일으킨 의병이 일본군에 패하여 대마도로 압송될 때도 거문도 뱃길을 이용했다. 을사오적(乙巳五賊)의 한 사람인 이지용(李址鎔, 1870~1928년)은 갑진년(1904) 보빙대사(報聘大使)로 일본으로 가던 중에 풍랑을 만나 거문도에 기항한 일도 있었다. 그는 동도 유촌에서 하룻밤을 묵으면서 마침 귤은 김류 선생의 사당을 짓는 것을 보고 당기(堂記)와 현판을 써 주고 갔다고 한다.

이후, 저들은 거문도를 자기네 땅처럼 마음대로 들고났다. 1904년, 거문도에는 돗토리현(鳥取縣) 출신의 사족(士族) 고야마(小山光正)가 거문도 등대를 설치하는 데 기술자로 들어왔다가 이곳에 주저앉아 여러 해 동안 우편 소장을 지냈다고 알려지고 있다.

35세의 기무라(木村忠太郎)는 야마구치현(山口縣) 고향에서 화재로 집을 잃고 알몸으로 그의 처자식을 데리고 들어와 고도 해안에 어장막을 짓고 고기잡이를 하면서 거문도 생활을 시작했다고 한다.

이후부터는 일본인들의 거문도 입도는 줄을 이었다. 일제 강점기에 우리 국민은 농토를 빼앗기고, 만주 등지로 추방되는 등 매우 어려운 국면을 맞고 있었으나, 거문도는 어느새 왜인들의 낙원으로 변하고 있었다.

그들은 영국군이 만들어 놓은 막사 자리에다 자신들의 집을 신축하고 서도리에 있던 면사무소를 거문리로 옮기는 등 행정 중심지로 만들었다. 또, 순사 주재소를 설치하여 일본인들의 거주를 안정시킴으로써, 1914년 15호 47명에 불과하던 일본인이 1918년 90호 322명, 1929년 376명, 1942년 87호 347명, 1943년 87호 355명에 이르렀다. 이들은 앞선 기술로 고기를 잡거나 장사를 해서 호황을 누렸고, 항만을 정비하는 일에 참여하여 어업 기지로 만들었다.

한편으로는 신사(神社)를 세워 그들의 전통 신앙을 현지 주민들에게 주입시키려 했는가 하면, 일본 중이 들어와 절까지 세웠다. 회양봉 기슭에 자리잡고 있는 신사 터나 청룡사(靑龍寺) 터가 바로 그 흔적이다. 이곳 가까이에 남아 있는 절 샘도 또한 그러하다. 또, 일본군은 1943년 장촌마을 앞 해안에다가도 수상 비행장을 설치하였으며, 음달산 정상에 포대를 구축해 놓기도 하였다. 우리나라에서 황국 신민과 궁성 요배를 강요했던 제8대 조선 총독 미나미(南次郎, 재임 1936년 8월~1942년 5월)도 1937년 7월 거문도를 다녀갔다. 거문도는 완전히 일본 사람들의 마을이 되어 버린 것이다.

이런 사정으로 거문도에 많은 변화가 생겼다. 채낚기, 무래질(해녀) 등 개인적 어업과 조내이(후리질), 망치치기 등 단순 공동 조업만으로 이루어지던 원시적인 고기잡이 방식이 저들이 전파한 건착망, 부망, 각망, 안강망, 유망 등의 새로운 어구(漁具)를 이용한 선진 어업 방식으로 바뀌었다.

영국군에 이어 일본인들은 어느 정도 기반 시설이 되어 있던 고도에 항만

고도 거문항이 있는 고도는 거문도의 세 섬 중 가장 늦게 사람이 살기 시작하였다. 그러나 영국군의 일시 주둔에 이은 일본인들의 상륙으로 어느 정도 기반 시설이 되어 있던 고도에 항만을 시설하고 근대적 교육과 새로운 문물이 들어오면서 행정의 중심지로 자리잡았다.

을 시설하고 마을 주민들을 고용하였다. 총독부의 허가를 받아 어업조합을 형성하여 어촌 조직을 활성화하고 근대적 교육과 새로운 문물 제도 등으로 인해 주민들의 생활 방식에 큰 변화가 생겨났다. 당시 고도는 일본 문화의 중심지로 우체국, 영화관, 당구장, 병원, 여관, 식당, 유곽, 이발소, 공중 목욕탕 등 많은 문화 시설이 들어섰다. 또한 마쓰우라(松浦)라는 일본 의사가 병원을 개업하는 등 다른 섬에서는 없는 많은 시설이 생겼다.

　이렇게 되자 현지 주민들은 다른 지역 사람들보다 조금 나은 생활을 하게 되었다. 거문도 주민들은 일본 문화에 대한 호감과 높은 임금을 받기 위한 현실적인 생활의 방편으로 그들과 친분 관계를 맺기도 했고, 일본으로 유학을 떠나는 적극적인 태도를 보인 사람들도 있었다.

그러나 이곳에 뿌리내린 일본 문화는 적잖이 부정적인 것이었다. 그들은 퇴폐적인 요식업과 매춘을 번성시켰다. 집집마다 주야로 가무가 끊이지 않았고, 길거리에는 왜인들의 건방진 발자국뿐이었다.[5] 물론 퇴폐적인 유곽 문화가 들어와 유곽이 성업을 하였는데, 이러한 유흥 시설의 상대는 주민이 아니라 주로 소득이 많은 어부들이었다. 어선들은 파시 때나 풍랑을 만났을 때는 조업을 중단하고 일제히 거문항으로 들어왔다. 주민들의 증언에 의하면, 거문도는 어장이 잘되어 '돈섬'이라 부르기도 했다고 한다. 그러니 돈에 눈 먼 일본 사람들로서는 무슨 짓을 못했겠는가?

일본인들은 기본적으로 자기들끼리의 사회를 만들었다. 그들은 간혹 거문도 사람들을 포함한 '어업조합'이나 '애국부인회' 등의 단체를 조직하기는 하였으나, 결국 자기들끼리 끈끈하게 뭉쳐 주민들을 못살게 굴기 시작했다. 그들은 이곳의 산과 해변에 대한 권리를 차지하려고 안간힘을 썼고, 놋그릇을 비롯한 가재도구까지 마음대로 훔쳐 갔다. 신사 참배까지 강요했다.

이에 대한 거문도 주민들의 일본인들에 대한 적대감은 이만저만한 것이 아니었다. 저들의 만행을 끝까지 버틴 주민들은 일제 청산에 공동으로 참여하기 시작했다. 드디어, 일본인들은 우리의 끈질긴 독립 전쟁에 무릎을 꿇고 이 땅을 떠난다. 이때 거문도에 남아 있던 일본인들도 자기 나라로 내빼기 시작했다.

유교적인 성향이 강한 서도와 동도 사람들은 일본 사람들에게 강한 배타적 감정을 가지고 있었다. 1905년 11월에 세워진 지금의 서도초등학교 전신 낙영학교가 1942년에 일본 군인들에게 빼앗겼을 때도 이곳 선생님들과 학생들이 야외 수업을 하면서까지 민족 교육을 단절시키지 않았던 것도 따지고 보면 저들에 대한 강력한 저항이었다. 또, 서도와 동도 사람들이 고도에 거주하는 일본 사람들의 '마츠리(祭)'에 대응하여 마을 당제를 의도적으로 지냈고, 설이나 추석과 같은 우리 고유의 명절도 끝끝내 고수하면서 전통을 잊지 않은 것도 마찬가지였다.

해방 후, 거문도에서 일본 사람들은 사라졌다. 그러나 일본 문화는 아직도 그 흔적이 남아 있다. 거문리 거리의 일본식 건물이 그렇고, 황량하게나마 아직까지 남아 있는 신사 터가 그렇다. 홍콩, 나가사키까지 연결했던 해저 케이블의 흔적도 고스란히 남아 있다.

영국군 묘지

거문도에는 없어야 할 유산이 또 있다. 영국 해군이 무단으로 점령한 흔적이 남아 있는 것이다. 거문리 해안 도로로부터 남동쪽으로 약 400미터 떨어진 미양봉 기슭 비탈길을 올라가다 보면 우리 묘지와는 썩 다른 분위기의 묘비가 2기나 있다. 둘 다 영국군 병사의 묘비[6]이다.

영국군이 철수하던 1887년 당시에는 9기의 묘지가 있었다고 하나, 지금은 이 둘만이 고향으로 가지도 못한 채 이국의 고도에서 비바람을 맞고 있다. 어쩌다가 주한 영국대사관 식구들끼리 참배를 하기도 한다.

거문도는 1845년부터 영국군의 발길이 닿은 곳이었다. 18세기, 유럽에서는 영국을 선두로 산업 혁명을 일으켜 성공하는 바람에 상공업자 중심의 시민 계급들이 전면에 등장하게 된다. 이들은 자신들의 경제적 기반에 어울리는 정치적 위상을 확보하기 위해 사회 변혁을 추구하였다.

그 영향은 미국의 독립과 프랑스 혁명의 직접적 원인이 되기도 했으며, 대량 생산과 소비에 의한 커진 경제력 때문에 좀 더 값싼 원료와 노동력 그리고 안정적인 시장 확보라는 문제를 타개하기 위하여 국가간의 식민지 확보 경쟁으로까지 확대된다. 특히, 19세기에 들어오면서 이미 넓은 식민지를 확보하고 있던 영국과 식민지 확보 대열에 뒤늦게 뛰어든 러시아 간의 경쟁은 제3국인 우리나라에까지 영향을 미쳤다.

당시 영국은 자신들의 가장 중요한 식민지인 인도와 영국을 잇는 수송로의 안전을 확보하는 것이 가장 중요한 외교 정책이었다. 그래서 그들은 러시아가 새로운 식민지 개척을 위해 흑해를 통과하여 터키의 영토를 가로질러 지중해로 진출하려 하자 소위 크림전쟁을 지원하여 좌절시켰고, 아프카니스탄을 통해 인도와 중동 지역으로 진출하려는 길도 막아버렸다.

　결국, 러시아는 태평양으로 진출을 시도하게 되는데, 이를 눈치 챈 영국은 그들을 저지하기 위해 한발 앞서 거문도를 점령하게 된다. 더욱이, 거문도는 일본과 중국 상하이를 잇는 중간에 위치하고 있을 뿐만 아니라 별로 크지 않은 섬이면서도 동시에 주민들이 거주하고 있어 생활의 불편도 어느 정도 해소할 수 있는 곳이었기 때문에 그들은 이 섬에 잔뜩 욕심을 내고 있었던 모양이다.

　1845년, 에드워드 벨처(Edward Belcher) 함장이 지휘하는 영국 해군 탐사선 사마랑(Samarang)호는 제주도에서 거문도에 이르는 해역을 1개월간 탐사를 하면서 7월 16일부터 사흘간 거문도에 정박하여 실상을 파악하고 돌아간다.[7] 이후에도 영국은 여러 차례 함선을 보내 거문도 해역을 탐사하였다.

　또, 1882년 측량선 플라잉 피시(Flying Fish)호를 이끌고 조선의 모든 해안을 광범위하게 탐사하던 맥클리어(John. Maclear)호도 거문도에 닿는다. 이때, 조정에서는 엄세영과 묄렌도르프(Paul George von Möllendorff)를 보내 정중하게 항의한다.

　이렇듯 거문도에 대한 영국의 관심이 높아 가는 가운데, 그들은 조선과 1883년 11월 26일 조영수호통상조약을 공식적으로 체결하였다. 러시아의 남진 정책이 계속되자 영국은 1885년 4월 14일 중국 함대 사령관 윌리엄 도드웰(William Dodwell) 제독에게 거문도를 점령하도록 명령을 하달한다. 이 명령을 받은 도드웰 제독은 3척의 군함을 거문도에 급파하여 4월 15일부터 무단 점거에 들어갔다. 소위 거문도 사건이 발생한 것이다.

영국군 묘지 영국군이 철수하던 1887년 당시에는 9기의 묘지가 있었다고 하나, 지금은 이 둘만이 고향으로 가지도 못한 채 이국의 고도에서 비바람을 맞고 있다. 어쩌다가 주한 영국대사관 식구들끼리 참배를 하기도 한다.

　거문도를 접수한 영국군은 상선을 이용하여 그들이 묵을 막사를 싣고 오면서 미국인 건축업자, 중국인 목수와 미장이까지 대동하고 들어왔다. 아직 주민들이 살지 않은 고도에 맨 먼저 짐을 푼 그들은 주둔군 막사 건설 공사부터 착수했다. 많을 때에는 700~800여 명의 상주 병력이 주둔해야 하므로 당시의 인원과 장비로는 결코 만만한 공사는 아니었다. 그래서 남쪽 산기슭을 깎아 평지로 만드는 작업에는 거문도 주민 300여 명을 일당 6펜스에 해당하는 서양 물건을 주고 참여시켰다.

　영국군은 현지 주민들과의 마찰을 피하기 위해 이들 주민을 괴롭히는 일은 삼가면서 대민 봉사 활동에도 적극적이었다. 특히, 주민들에게는 의료 혜택을 베풀었고, 헌옷이나 식료품도 나누어 주었다. 토지를 이용할 때는 꼭 주민 대표와의 협상을 거쳤다. 거문도 주민들은 영국군의 호의에 오히려 감사해 하고 있었다.

조선 정부의 대표 엄세영과 묄렌도르프가 현지 조사차 거문도를 시찰했을 때에, 주민들은 자기 백성을 보살펴 주지도 못하면서 섬 사람들이 영국군 기지 공사에 노역을 제공하고 임금을 받는 것을 방해한다고 불만을 표시하기까지 하였다.

약삭빠른 일본인들은 유곽 시설까지 만들어 영국군의 호감을 샀는데, 그 위치는 서도 덕촌리 유림 해수욕장 부근이었다. 야밤을 이용해 영국군은 이곳을 가끔 이용했다고 한다. 다리가 놓여 있지 않았기 때문에 그들은 헤엄쳐 가야 했다. 그러다가 익사를 당한 병사도 있었던 모양이다.

건설 도중에는 태풍으로 공사가 중단되는 일도 있었으며, 정박 중이던 배가 닻줄이 끊기는 바람에 홍콩까지 이미 가설된 해저 전선이 절단되는 피해도 발생하였다. 그러나 그 해 11월에는 산등성을 3단으로 나누어 상단에는 사관용 식당과 주방이, 중간 부분에는 하사관들의 식당과 의무실, 매점, 보급 창고 등이 설치되었고, 하단에는 포대와 경보병용 막사 2개소가 건설되었다.

영국의 태도는 무례하기 짝이 없는 짓이었다. 조선 조정은 그들에게 철수할 것을 강하게 요구하였으나 처음에는 별 성과가 없었다. 그래서 중국, 미국, 독일 등 서울 주재 외국 사절들에게 영국의 부당성을 알리는 외교적인 노력을 기울였다. 그 결과 사건 발생 20개월 만인 1886년 12월 25일 거문도에서의 철수 의사를 공식적으로 밝힌 영국은 1887년 3월 1일 서울 주재 영국 총영사대리 워터스(T. Watters)가 외무대신 김윤식에게 영국군이 거문도에서 완전히 철수했음을 알리는 공한을 보냄으로써 23개월간의 무단 점거는 막을 내리게 되었다.

거문도 사건은 우리 민족의 자존심을 구겨 놓는 사건이었다. 조선 정부의 대응이 효과적이었다면 우리의 역사는 다른 방향으로 전개되었을지도 모를

해저케이블 육양 지점 영국군 묘지를 내려오면 해안가에 거문도 해저케이블 육양 기념비가 있다. 이곳은 영국군이 거문도를 점령하고 1885년 중국 상해까지의 해저케이블 설치를 기념하기 위해 세워 둔 안내석이다.

일이다. 그 역사적 현장이 이 고도에 아직도 남아 있는 것이다.

영국군 묘지를 내려오면 해안가에 '거문도 해저케이블 육양지점'을 알리는 기념비가 세워져 있다. 이곳은 영국군이 거문도를 점령하고 1885년 중국 상해까지 해저케이블을 설치했던 입구로, 이를 기념하기 위해 세워 둔 안내석이다. 이 비석의 안내를 받아 150미터쯤 들어가면 팔뚝 굵기의 절단된 단면이 밖으로 누출되어 있고, 바로 그 옆에 안내 표지석이 세워져 있다. 그런데 지금은 이를 큰 가건물이 가로막고 있다. 폐기물 매립 시설이다. 이 역사의 현장을 폐기 처분하려는 것일까?

러시아, 미국의 거문도 침탈 사건

거문도는 일본과 영국 외에도 러시아와 미국이 군침을 흘려 무단으로 점령한 사건도 있었다.

러시아는 니콜라이 I 세(재위 1825~1855년) 황제의 특사 자격으로 해군 중장 푸차친(E. V. Putiatin, 1803~1883년)을 극동으로 파견한다. 푸차친은 당시 러시아가 보유하고 있던 최대의 전함 '팔라다(Pallada)호' 외에 포함 '올리프스타(Olivsta)호', 수송선 '멘시코프(Menshikov)호' 등 여러 척을 이끌고 1854년 4월 9일 최초로 거문도에 기항하여 11일 동안이나 머물렀다가 돌아간다.

팔라다호에는 거문도에 오기 전에 이미 영국에서 출판된 『사마랑호 항해기』를 통해 이곳에 대한 예비 지식을 가지고 『전함 Pallada』를 펴낸 작가 곤차로프(I. A. Goncharov, 1812~1891년)도 동승하고 있었다.

주민들은 생면부지의 그들에게 식수를 공급해 주었고, 술과 다과를 대접받기도 했다. 그러나 조선과의 통상 교섭을 중앙 정부에 요청하도록 강하게 요구한 그들의 뜻을 모두 거절해 버렸다. 조선 정부는 국법으로 외국과의 통교를 엄격하게 금지하였기 때문이었다.

이런 일련의 사정과 러시아의 요구 자료 전문은 귤은 선생의 「해상기문」에 기록되어 있다. 이 전문이 아마 러시아가 조선에 보낸 최초의 외교 문서일 것이다.

그로부터 3년 뒤인 1857년 8월 10일 푸차친 제독은 증기기선 '아메리카(S. S. Amerika)호'를 타고 거문도를 다시 방문하였다. 주민들은 거문도를 석탄기지로 사용해도 좋다는 그들의 요구를 받아들이고 돌려보냈지만 이후로 러시아의 거문도 방문은 이루어지지 않았다.

미국도 거문도에 대한 관심을 보였다. 1866년, 대동강을 거슬러 올라와 무례하게 통상을 강요하던 제너럴 셔먼호가 불에 탄 사건이 일어나자, 미국은 벨(H. H. Bell) 제독이 이끈 아시아 함대에 이를 조사할 것을 명령했다. 이 명령서를 받은 벨 제독은 와추셋(Wachusett)호 함장 슈펠트(Shufeldt) 중령에게 다시 제너럴 셔먼호의 소재와 아울러 거문도의 군사적 이점을 파악하라고 명령하였다. 이에 슈펠트 중령은 황해도 장연을 거쳐 1867년 1월 30일 거문도에 도착했다. 그는 2월 3일까지 5일간 정밀한 해역 탐사 활동을 하면서 거문도에도 상륙하여 주민들과 접촉했고, 이 섬이 장차 미국의 해군기지로서 적절한 지를 조사했다. 그가 내린 결론은 'OK'였다.

그는, 거문도는 항만으로서 적절한 조건을 가지고 있으며, 해군 휴양소로도 유용하게 사용될 수 있을 뿐만 아니라, 비옥한 토지에 농작물도 자급자족할 수 있고, 주민들은 호전적인 사람들이 아니라고 판단했다. 더욱이, 거문도는 매우 아름다운 자연 경관과 온화한 기후 조건이 매력적이어서 차마 떠나기가 싫다고까지 보고했다. 이런 결론을 내린 함장은 본국으로 귀환하게 되는데, 이후 미군이 다녀갔다는 기록은 없다. 다만, 슈펠트 중령은 15년 후인 1882년 제물포 화도진(花島鎭)에서 조미수호통상조약(朝美修好通商條約) 체결 때 미국 대표로 참가한다.

이처럼 거문도는 가까운 일본뿐만 아니라, 영국과 러시아 그리고 미국까지도 대륙 진출을 위하여, 대양 진출을 위하여 시커먼 욕심을 부렸던 풍운의 섬이었다.

삼호 8경을 찾아, 서도

삼호 8경과 귤은 김류 선생

거문도는 귤은 선생과 같은 대문장가가 태어난 고장이란 데서 '클 거(巨)', '글월 문(文)'으로 섬 이름을 삼았다고 하였거니와, 선생의 기록은 과연 '거문'이라 할 만큼 그 문장이 정치(精緻)하고 아름답다. 특히, 자신이 태어난 고향에 대한 찬사는 지금도 거문도 사람들이 자긍심을 가지고 애송하고 있다.

고흥 팔영산의 큰 맥이 남쪽으로 바다 백 리를 건너와 하나의 작은 마을을 이루니 이곳을 삼호(三湖)라 이른다. 세 군데 산맥은 활처럼 굽어 수미(首尾)가 서로 마주보고 있다. 해문(海門)은 남과 북으로 입술처럼 불쑥 내밀고, 마을은 동도와 서도가 서로 낯을 대하듯 하며, 백 천 개의 낮은 담이 꾸불꾸불 둘러싸여 궁을 닮았다. 거문도 안으로 드는 녹문(鹿門)은 파도가 사납지만, 내해로 들면 얇은 비단을 펼쳐 놓은 것 같기도 하고 거울을 펼쳐 놓은 것 같기도 하여 신령한 빛이 사람에게 반사되고 있다.[8]

과연 그렇다. 녹문 밖은 바다요 안은 호수이다. 서도, 동도, 고도 세 섬이 천혜의 방파제처럼 구실을 하고 있는 내해는 그 물결이 여인의 속살을 감추고 있는 얇은 비단과 같기도 하고, 고운 살갗과 얼굴을 금방이라도 내밀 것 같은 거울과 같기도 하다. 무서운 폭풍이 몰아쳐도 삼호만큼은 물결조차 일지 않는 천혜의 항구이기도 하다.

이렇게 거문도는 삼도와 삼호가 서로 만나 절승을 연출한다. 귤은 선생은 이곳의 아름다운 경치 8곳을 다음과 같이 말하고 있다(여행 안내를 위해 순서를 조금 바꾸었다).

돛단배 귀항하는 백도白島歸帆　　구름이 넘나드는 석름石凜歸雲

낙조 그만인 용만龍巒落照　　불 밝힌 고깃배들紅國漁火

파도가 넘실대는 녹문鹿門怒潮　　명사십리 이곡梨谷明沙

밤비 내리는 죽림의 야경竹林夜雨　　가을 달빛 아름다운 귤정橘亭秋月

　　귤은 선생의 '삼호팔경(三湖八景)' 시제(詩題)이다. 역시 하나하나가 다
그림이다. 백도에서 만선으로 달려오는 고깃배에선 흥겨운 뱃노래가 들려
오는 것 같다. 기와집몰랑과 신선바위를 스쳐 가는 구름은 한 폭의 동양화나
다름없다. 서도 너머 용냉이에서 바라보는 환상적인 낙조와 밤마다 불야성
을 이루는 밤배들이 모두 한 폭의 그림 같다. 거문도 입구 녹산에 부서지는

거문도에서 바라본 백도

귤은사당 거문도가 배출한 대문장가 귤은 김류 선생의 사당이다. 정치하고 아름다운 문장으로 거문도의 아름다운 경치를 삼호팔경에 담아 읊었다.

하얀 물보라는 백마 타고 오는 손님과 같고, 배꽃처럼 하얗게 펼쳐 있는 이곡백사장도 대단한 볼 거리이다. 죽촌 대숲에 내리는 밤비에는 풍류에 세월 가는 줄 모르는 죽림칠현이 생각나고, 선생의 처소 유촌 귤정에서의 가을은 황금빛이다. 뿐만 아니라, 기암 절벽에 살짝 얹혀 있는 것 같은 등대며 거기서 바라보는 대양을 더하면 수십 경도 오히려 부족하다.

이 비경을 차분하게 감상하자면 이틀을 걷고 가끔 노란 봉고형 거문도 택시도 타면서 세 섬을 두루 일주하는 것이 가장 현명한 선택이다.

파도가 넘나드는 수월산 가는 길

거문도는 이제 세 개의 섬이 아니다. 고도와 서도가 삼호교로 연결되어 두 섬이 하나가 된 것이다. 삼호교는 고도 거문리와 서도 덕촌리를 연결하는 길이 250미터, 폭 5미터의 아치형 다리로 1992년 12월 개통되었다. 이 다리가 연결됨으로써 두 섬간의 교통이 원활하게 되었고, 이에 따라 관광객들도 걸어서도 수월산을 수월하게 오르게 되었다.

삼호교 위에 서서 왼쪽으로 보면 아주 자그마한 무인도가 100미터 간격으로 두 개나 물에 떠 있다. 노루를 닮았다 해서 노루섬 혹은 장도(獐島·障島)라 하는데, 안쪽 것은 안노루섬이고 밖에 있는 것은 밖노루섬이다.

각각 2평방미터와 6평방미터 정도의 좁은 면적이지만 당당하게 거문리 산 28번지와 산 29의 지번을 가지고 있다. 안노루섬 정상에는 큰 바윗돌을 올려놓은 제단이 있다. 거문리와 덕촌리 사람들의 신체(神體)이다.

옛날 거문도에 흉어(凶漁)가 들어 용왕에게 제사를 올렸더니 갑자기 폭풍우가 몰아쳐 오기 시작했다고 한다. 다음날 바닷가에 나가 보니 이 바위가 둥둥 떠오르고 있어, 주민들은 용왕이 보낸 것으로 믿고 이 바위를 신체로 삼아 여기에 모시게 되었다 하며, 그 해에 고등어가 많이 잡혔다고 한다. 이때부터 이 돌을 고두리(고등어) 영감이라 부르고 매년 풍어를 기원하는 제사를 지내왔다고 한다.

삼호교에서 덕촌리 안 마을로 가기 직전에 길이 좌우 양쪽으로 갈라진다. 왼쪽은 수월산 가는 길이요, 오른쪽은 변촌을 거쳐 장촌으로 뻗은 길이다. 정면에는 채석장이 가로막는다.

수월산으로 가기 위해 왼쪽으로 들어서면 오른쪽 언덕배기에 대리석 비석이 하나 서 있다. 구한 말의 의병장 임병찬(林秉瓚, 1851~1916년) 의사가

삼호교 거문항에서 삼호교를 건너면 서도이다. 거문도 등대를 향하여 수월산 남쪽 끝머리로 오르노라면 긴 동백 터널이 그림처럼 펼쳐진다.

순국했던 곳을 알리는 비석이다.

　임 의사의 자는 중옥(中玉)이요, 호는 돈헌(遯軒)이다. 전북 옥구현 대사리에서 태어났다. 이미 3살 때 말과 글을 알고, 5세 때는 당서를 통할 정도로 신동이었다고 한다. 16살이 되어서는 전주 지방시에 수석으로 급제한 후 벼슬길에 나갔다가 절충장군첨지중추부사, 낙안군수 겸 순천진절제사를 지냈다. 임 의사는 가는 곳마다 농정에 공을 세워 주민들로부터 칭송을 크게 받았다.

　여러 차례 고을 농민들로부터의 사례를 받았으나 모두 거절했으며, 공덕비를 세우는 것도 한사코 말렸다고 한다. 나중에는 벼슬을 버리고 고향에 돌아가 자녀 교육에 힘쓰며 조용히 지내다가 1894년 동학혁명이 일어나고 1905년 을사보호조약이 체결되자 분에 못 이겨 스승 면암 최익현을 찾아가 함께 의병을 일으켰다. 태인, 정읍, 순창, 곡성 등지에서 모집한 200여 병졸을 이끌고 남원으로 진격했다.

그러나 1906년 6월 1일 순창에서 관군과 일군의 공격을 받아 패하고 말았다. 이때 최익현과 함께 사로잡힌 임병찬은 1909년 6월 대마도에 감금되었다. 면암은 이곳에서 70의 늙은 몸으로도 왜인들이 지은 곡물을 먹을 수 없다며 단식을 하다 끝내 숨을 거두고 말았다.

임 의사는 이듬해 1907년 1월에 감형되어 귀국하였다. 그는 1910년 한일합방 직전에 가선대부가 되고 독립의군부 전라순무대장에 올라 또 항일 구국투쟁을 전개하다가 1914년 6월 왜경에 체포되어 바로 이 거문도로 유배되었다. 거문도에 발을 디딘 임 의사는 처음에 일본 사람이 살던 고도에 갇힌 신세가 되었다. 여기에서도 임 의사는 보지 말아야 할 것을 보았다. 일본 사람들이 도적으로 변해 민간인들을 못살게 구는 것을 직접 목격한 것이다. 분개하지 않을 수 없었다. 절치부심했다. 당시 면장 원세학(元世學)은 그 비분강개한 모습을 보고 혹시 큰일이라도 저지르지 않을까 걱정하면서 임 의사를 서도 덕촌마을로 피신을 시켰다.

임 의사는 여기서도 은밀히 학동들을 모아 글을 가르치면서 조국이 무엇인가를 확실하게 인식시키기도 했다. 그러나 궁핍한 낙도 한촌에서 1916년 5월 23일 스승처럼 단식 끝에 유배된 지 2년 만에 끝내 유명을 달리하고 말았다.

임병찬 의사의 순국을 알리는 이 비는 누란의 위기에서 국가를 구하고자 한 임 의사의 애국 정신을 기리기 위하여 거문도 주민 스스로 자신들의 없는 주머니를 털어 1997년에 세웠다고 한다. 임 의사의 애국 충절의 정신을 엿볼 수 있는 현장이다.

유림 해수욕장 거문항에서 삼호교를 건너 도착하는 유림 해수욕장은 깨끗한 물과 넓은 모래사장, 깊지 않은 수심과 완만한 경사로 여름 피서지로 더할 나위 없이 좋은 곳이다.

유림 해수욕장

임 의사 비석 앞에는 깨끗하기로 소문난 유림 해수욕장이 하얗게 펼쳐져 있다. 바깥 바다로부터 밀려오는 깨끗한 물과 넓은 모래사장, 깊지 않은 수심과 완만한 경사는 전국 어느 해수욕장과도 비할 바가 아니다. 계절과 상관없이 한번 풍덩 빠져 보고 싶은 충동이 일 정도로 깨끗하다.

백사장의 규모는 폭 20미터, 길이 200미터 정도로 그리 넓은 편은 아니나, 주변의 자연 풍광과 해녀들의 물질 모습이 어우러진 풍경은 참으로 아름답다. 여름 피서지로 이보다 더 좋은 곳이 있을까?

유림 해수욕장은 삼호교의 개통으로 거문리에서 걸어서 15분 정도면 닿을 수 있다. 텐트를 칠 수 있는 평평하고 널찍한 공간에 우물, 화장실, 샤워장도 갖추어져 있다.

선바위, 문필봉(文筆峰)

유림 해수욕장을 지나 수월산으로 가기 위해서는 노두처럼 큰 바위가 아무렇게나 깔린 좁은 목을 지나야 한다. 거문도 사람들은 이곳을 무넹이라고 한다. 이 말은 아마 '물+넘+이'가 무넘이에서 무넹이로 변했을 것이다. 어느 유식한 사람이 풍파가 심할 경우 바닷물이 바깥쪽 바다에서 안쪽 바다로 넘어온다 하여 한자말로 수월항(水越項)이라고 부른 이후에는 오히려 이 말이 더 많이 쓰이고 있다.

이 무넹이 바깥쪽에는 30미터도 훨씬 넘는 큰 입석이 하나 의기양양하게 서 있다. 그 이름도 가지가지이다. 서 있는 바위라 해서 선바위, 이를 한자어로 고쳐 입암(立岩), 남자의 물건처럼 생겼다 해서 좆바, 이 바위 때문에 덕촌이나 서도 처녀들이 바람이 잘 난다 해서 문필봉(文筆峰)으로 곱게 미화하여 부르기도 했다.

귤은 선생은 이 바위를 노인바위라 했다. 이 바위를 자세히 살펴보면 그 밑 부분은 한 다리를 오므리고 다른 쪽 다리를 그 위에 올려 앉은 것처럼 보이고, 등 부분은 몸을 구부린 모양이며, 머리 부분은 높이 솟으면서도 둥글어 머리털이 하나도 없는 사람의 대머리처럼 보인다는 것이다. 그래서 이 바위는 노인바위라 불러야 제격이라는 것이다.[9]

그러나 덕촌이나 장촌에서 보면 영락없는 남자의 그것과 비슷하게 생겼다. 허리를 굽혀 가랑이 사이로 이 바위를 보면 자기 것을 보는 것과 같은 착각도 한다. 그래서 좆바라는 이름도 붙었다. 이런 곳에는 예외 없이 성신앙이 형성된다.

성신앙은 인류 생활에 있어 가장 근본이 되는 풍요와 다산에 대한 소박한 기원에서 출발한다. 성기 모양의 자연물을 신체로 섬기면서 고를 연결하여 겨루는 줄다리기와 같은 남녀 성행위에 관한 민속놀이도 생겨났다. 이런 곳은 음양과 연결하는 이야기가 틀림없이 존재한다. 여기도 마찬가지이다. 이

수월산 해안 절경 서도의 수월산은 동백을 감상하기에 가장 좋은 곳이다. 삼호교를 건너 덕촌마을 서도 해수욕장을 바라보며 시멘트로 깨끗이 포장된 길을 20여 분 가면 수월산 목넘이재에 이른다. 2월이면 피같이 붉은 동백과 푸른 바다, 삼호교 너머의 거문항을 보기 위해 트레킹 코스로 인기가 높다.

바위 곁에는 여성에 해당하는 삽통석이 있다. 이 바위는 거문도 민중들의 풍요와 다산을 비는 신체였으며, 장촌의 새끼를 꼬는 「술비소리」가 탄생하게 된 배경이 되었을 것으로 짐작된다.

　우리 민속 문화에서는 그러한 성의 속성이 삶의 일부로 자연스럽게 나타난다. 성기 모양의 자연물에 신성을 부여하고 치성을 드리면서도, 거침없이 내뱉는 상스런 욕으로 성 관련 표현을 일상적으로 쓰고 있는 것이다. 우리 전통 성의식의 건강성은 바로 이런 양면성이 공존하는 현실에 근거한 것이다. 굴은 선생이 이 바위를 노인바위로 보았던 것은 자칫 조선의 유교 사회의 질서를 깨뜨리지 않을까 하는 염려가 작용했을 것이다.

바다 위의 동백숲

이 바위 곁을 지나 등대로 가기 위해서는 잔교(棧橋)를 넘어 1킬로미터쯤 수월산을 올라야 한다. 정상으로 가는 길에는 남해의 세찬 바람에도 강인하게 버티어 온 동백나무 군락을 비롯한 상록수림이 하늘을 가린 채 약 2킬로미터나 터널을 형성하고 있다. 바다 한 가운데 숨어 있는 해저와 같은 산길이 참으로 낭만적이다.

거문도 동백나무는 모두 재래종으로 11월부터 꽃이 피기 시작해서 이듬해 3~4월까지도 그 자태를 자랑한다. 다섯 장이나 일곱 장 정도의 붉은 꽃잎들이 마치 돌돌 말아 놓은 듯이 질서 정연한데, 그 안에 샛노랗게 옹기종기 모여 있는 수술은 강보에 싸인 해맑은 갓난아이의 얼굴과 같다. 꽃이 아니라도 싱그러운 잎새는 사시사철 윤기로 반질거리고 줄기 또한 여인의 속살처럼 매끄럽고 곱다.

그러나 다른 나무나 꽃들과는 다투지 않는다. 그래서 동백나무는 흔히 세속을 피하여 사는 정직한 선비로, 차가운 겨울철을 이겨내며 붉은 꽃과 푸른 잎을 드러내는 몸가짐 정결한 여인으로 묘사되기도 한다.

여수 사람들은 동백꽃을 '여심화(女心花)'라 부른다. 오동도 동백꽃 때문이다. 오동도에는 오동나무가 아니라 동백나무가 지천이다. 그 꽃 색깔을 보면 참으로 장관이다. 아니, 꼭 무슨 사연을 간직한 것 같은, 여인의 선혈처럼 겨울로 드는 11월부터 한없이 붉게 피어난다.

고려가 허망하게 이성계의 손에 들어가게 되었을 때, 고려 유신의 한 부부가 오동도로 귀양을 왔다고 한다. 그 부부는 땅을 개간하고 고기잡이를 하면서 곰바지런하게 살고 있었다. 어느 날, 남편이 고기잡이를 나간 사이에 도둑이 들었다. 아내는 겁탈하려는 도둑을 피해 남편이 고기잡이를 나간 방

붉은 동백꽃과 거문도 달팽이

향으로 죽을 힘을 다해 도망을 치다가 이내 절벽으로 몸을 던지고 말았다. 날이 저물 무렵, 돌아온 남편은 피를 흘린 채 이미 저세상 사람이 되어 버린 아내를 발견하고는 내려앉은 가슴을 다스리며 정성을 다해 오동도의 정상에다 아내를 묻어 주었다. 그 일이 있고 나서 그 무덤에는 여인의 선혈처럼 붉은색의 동백꽃이 피어나기 시작했고, 이 꽃이 육지든 섬이든 남도 여러 곳으로 번졌다고 한다.

수월산 동백 터널을 지나다 보면 절개를 지키기 위해 벼랑으로 몸을 던진 여인이 생각나고, 동박새의 맑은 소리도 들릴 것이다. 뒤마의 소설 『춘희』가 떠오르고, 이를 오페라로 엮은 「라 트라비아타」가 생생하게 들릴 것이다. 산드러진 옷차림에 동백꽃을 들고 사교계를 전전하다 사랑하는 알프레도의 품에서 마지막 숨을 거둔 여주인공 비올레타도 만날 것이다.

그런데, 보통 동백하면 붉은색만 생각나지만 흰 꽃도 있다. 임병찬순지비를 조금 지나면 오른쪽 산록에 이른 봄철이면 하얗게 피어 있는 동백을 만날 수 있다. 흩꽃을 피우는 야생 흰 동백나무는 매우 희귀한 편이다. 자생지가 흔치 않으며, 우리나라에서는 제주도나 완도, 보길도, 해남 등에서 눈이 좋은 사람에게만 그 모습을 드러낸다.

타오르는 듯한 붉은 동백과는 달리 투명한 흰색은 차라리 투명해서 슬프다. 예전엔 남도 산자락에서 더러 눈에 띄었으나 남획으로 멸종 위기에 있다. 야산엔 거의 자취를 감춘 지 오래고, 몇몇 성의 있는 지킴이들에 의해 번식이 시도되고 있을 뿐이다. 자연석을 깔아 산책하기에 좋은 환상의 동백 터널은 여름으로 가는 길에는 동백꽃 대신 하얀 쥐똥나무꽃이 흐드러지게 피

동백숲 등산로 자연석을 깔아 산책하기에 좋은 환상의 동백 터널의 여름 길에는 동백꽃 대신 하얀 쥐똥나무꽃이 흐드러지게 피고 생살나무, 까마귀쪽나무들이 남국의 분위기를 자아낸다.

고 생살나무, 까마귀쪽나무들이 남국의 분위기를 자아낸다.

쥐똥나무는 물푸레나무과의 낙엽관목으로 지금은 어디서든 쉽게 만날 수 있다. 인도와 차도를 구분해 놓은, 오염된 도시의 거리에도 쥐똥나무는 끈질기게 잘 살아 간다. 유백색의 아름답고 오밀조밀한 꽃을 지천으로 선사하는 5~6월에는 그 향기가 또한 은은하게 코끝에 다가온다. 8월이 시작되면서 꽃이 떨어진 자리에 팥알 만한 파란 열매가 맺고 성숙해지면 까맣게 여문다. 이 열매가 쥐똥 같아 나무 이름을 우습게 만들어 버렸다.

지역에 따라서는 그 열매 때문에 남정실 혹은 백당나무라고도 부르고, 북한에서는 검정알나무라고 한다. 한방에서는 이 열매를 수랍과(水蠟果)라고 하며, 강장·지혈의 효능이 있어 신체 허약증·식은땀·토혈·혈변 등에 사용한다. 북한에서는 이 열매를 차로 이용한다고 한다. 어쨌거나, 쥐똥나무

거문도 등산로 멀리 보이는 등성이에 올라서면 그림 같은 바다와 등대가 나타난다. 유채꽃이 만발한 이른 봄이면 이국의 섬에 와 있는 듯한 착각이 드는 아름다운 곳이다.

는 그 이름이 주는 이미지보다 훨씬 요긴한 우리의 벗이다.

쥐똥나무꽃이 지고 나면 또 그늘 길섶에는 분홍빛이 감도는 조그마한 흰 꽃이 눈을 흘긴다. 박완서의 소설 『그 많던 싱아는 누가 다 먹었을까』로 유명해진 여러해살이풀 싱아이다. 싱아는 봄부터 초여름까지 연한 잎과 줄기를 삶아 나물로 먹기도 하고, 여름에는 꽃을 따서 말린 다음 달여서 마시면 위장에도 좋고, 뿌리와 줄기를 짓찧어 즙을 내어 옴에 바르면 효과가 있다고 한다. 또, 잎이나 줄기 그리고 뿌리까지 약재로 쓰는데, 구충·치질·곽란·황달·창종·외치·해열·지혈에 잘 든다고 한다. 꽃은 6월에서 8월까지 피는데, 수월산으로 향하는 길에서도 쉽게 볼 수 있다.

동양 최대의 거문도 등대

동백나무 터널을 다 지나면 참으로 경이로운 세상이 나타난다. 균형 잡힌 몸매를 자랑하는 돈나무와 같은 작은 키의 관목과 억새풀과 같은 강인한 잡풀이 약간 있을 뿐, 문자 그대로 아찔한 기암 절벽 위에 하얀 등대가 위태롭게 자리하고 있는 것이다.

동양 최대의 프리즘 렌즈를 자랑하는 이 거문도 등대는 프랑스에서 제작된 것으로, 적색과 백색이 섬광이 15초마다 교차한다. 빛이 비칠 수 있는 광달거리는 지리적 21마일, 광학적 38마일, 명목적 23마일로 1905년 4월 10일 처음 불을 밝힌 이래 지금도 세 사람의 등대지기가 안개가 심한 날은 무적(霧笛) 신호를 보내 안전 항해를 돕고 있다.

관사를 앞쪽에 두고 최대한 바다를 향해 나앉은 등대는 둥근 원형의 하얀 외관으로 2층으로 나지막하게 지어져 있다. 등탑은 6.4미터로 그리 높은 편은 아니지만, 해수면으로부터는 무려 69미터에 이른다.

저 이탈리아 카프리 섬의 펜션들처럼 온통 하얗게 칠해진 1층 건물을 보려면 나지막한 대문을 젖히고 안으로 들어서면 된다. 마당에는 파란 잔디가 마당에 깔려 있고, 흰색의 건물과 짙은 초록의 잔디가 잘 어울려 이국적인 풍경을 만들어 낸다. 이곳은 등대에서 근무하는 직원 숙소이다.

거문도 등대를 관리하는 직원은 세 명이다. 외로운 섬에서 어떻게 살아가는지 궁금했지만, 수많은 관광객들 때문에 오히려 사람이 귀찮을 정도라고 한다. 그래도 한마디 건네 보면 친절하기 그지없다. 그들은 외로운 등대지기가 좋아서 자원하여 이곳에 들어왔다고 하면서 거문도 등대의 노래로써 이곳 설명을 대신한다.

등대의 봄

출렁출렁 파도는 삼산을 울리고 남쪽에는 희미한 제주 한라산
동백꽃이 만발한 수월산 밑에 여기를 찾아오라 거문도 등대

반짝반짝 비치는 등대의 불은 15초 간격 두고 일섬광 강약 교섬광
어두운 밤에 앞 못 보는 길 잃은 배야 여기가 거문도다 길을 찾아라

붕붕붕붕 울리는 무신호 기적 40초 간격 두고 5초 붑니다
안개 끼어 앞 못 보는 눈 잃은 배야 여기가 거문도다 조심하여라

하하하하 웃음이 끊임이 없고 직원 가족 친절히 일가족처럼
업무에는 충실히 힘을 다하니 갈매기야 전해다오 거문도 소식

「거문도 등대가」이다. 누가 노랫말을 지었는지는 확인할 수 없다고 했다. 다만, 이 노래는 거문도 등대를 잘 설명해 주고 있다. 등대지기가 결코 외롭거나 고단한 직업이 아니라는 점도 밝히고 있다.

해양 기술이 발달하지 못한 옛날, 뱃사람들에게 등대지기는 빛과 같은 존재였다. 그러나 우리는 흔히 그들을 은둔의 외로운 존재, 역경과 고난을 이겨낸 한 많은 존재로 인식하기 일쑤다. 그러나 실상 등대지기는 빛을 주는 존재들이 아닌가? 거문도 등대지기도 안개가 끼는 날 선박들의 무사 항해를 위하여 빛을 관리하는 고마운 사람들인 것이다.

옆 건물도 옛날에는 등대에서 일하는 사람들의 숙소였으나 지금은 관광객을 배려한 공간으로 변했다. 창을 통해 바다가 한눈에 보이고 거문도의 풍취를 한껏 누릴 수 있어 더없이 근사한 숙박 장소이다. 거문도 등대로 연락하면 누구나 이용할 수가 있다.

관백정 멀리 백도가 보인다고 하여 관백정이란 이름이 붙었다. 깎아지른 절벽 육모정자에 오르면 태평양 망망대해가 시원스럽고도 장엄하게 펼쳐진다.

백도귀범(白島歸帆), 관백정

거문도를 찾는 대부분의 관광객들은 백도까지 즐기기를 원한다. 그러나 백도를 볼 수 있는 날은 일 년 중 그리 많지 않다. 날씨가 호락호락 백도를 드러내 놓지 않을 뿐더러 바람이 조금만 불어도 심한 파도가 몰아쳐 유람선을 띄울 수가 없기 때문이다.

그래도 백도를 조망할 수 있는 방법은 있다. 등대 앞에 자리잡은 관백정에 오르면 된다. 멀리 백도가 보인다고 관백정(觀白亭)이란 이름이 붙었는데, 깎아지른 절벽 육모정자에 오르면 태평양 망망대해가 시원스럽고도 장엄하게 펼쳐진다.

정자 아래 절벽에 부딪히는 파도가 순백으로 부서지는 모습도 더할 수 없

는 장관이다. 백도와 삼부도가 훤히 보이고, 날씨가 좋은 날은 제주도 한라
산도 볼 수 있다. 여기에서 보는 뜨고 지는 태양은 또 어떤 모습이겠는가?

귤은 선생은 바로 여기에서 백도를 오가는 어선을 보면서 「백도귀범(白
島歸帆)」을 노래했을 것이다.

멀리 백도에서 불 밝히고 돌아오는 그 모습이   遠島閃來近島歸
달리는 말과 같고 날아가는 새 같구나.   馬如馳範鳥如飛
망천(輞川)을 그리며 시 한 수를 지었는데,   想得輞川詩格好
아득한 돛단배는 보기 드문 장관일세.   長天風帆壯觀稀

당나라 최고의 시인이며 화가인 왕유(王維, 699~759년)는 말년에 장안
남쪽 교외 망천에 별장을 짓고 주로 서경시와 수묵 산수화를 그리며 풍류를
즐겼다. 이로부터 이 일대의 뛰어난 자연경은 시와 그림의 배경으로 이름났

거문도 일출(옆면), 거문도 일몰(위) 시인이 아니라도 이 자리에 서면 누구나 가슴이 트이고 아름다운 승경에 빠져 시심에 젖게 되어 있다. 불을 밝히고 돌아오는 만선의 돛단배를 바라보니 저절로 시 한 수가 튀어 나온다.

다고 한다.

귤은이 망천보다 더 아름다운 관백정 자리에 앉아 백도에서 불을 밝히고 돌아오는 만선의 돛단배를 바라보니 저절로 시 한 수가 튀어 나왔을 것이다. 시인이 아니라도 이 자리에 서면 누구나 가슴이 트이고 아름다운 승경에 빠져 시심에 젖게 되어 있다.

육상에서의 거문도 비경을 보려면 등대를 나와 보로봉과 기와집몰랑을 거치고 불탄봉에서 음달산으로 이어지는 등산로를 진땀을 흘리며 한나절은 걸어야 한다. 아찔한 절벽에 서면 거문도 전체를 조망할 수 있을 뿐만 아니라, 신선이 내려와 바둑을 즐겼다는 바위, 사람의 옆 얼굴을 닮은 바위, 기와집 모양의 바위덩어리인 기와집몰랑, 호랑이를 연상시키는 범바위 등이 해안을 따라 파노라마처럼 펼쳐져 잠시도 눈을 뗄 수가 없다.

석름귀운(石凜歸雲), 보로봉

가던 길로 등대를 빠져나와 무
넹이목을 지나서 일 년 내내 탈이
없도록 365개의 계단을 오르면
보로봉이다. 야무진 작은 팽나무
가 그 터를 지키고 있는 정상에
서면 거문도 등대며 고도와 서도
를 연결하는 아름다운 아치형 삼
호교가 시야에 장관을 이루고, 동
도까지도 한눈에 들어온다.

1885년 4월부터 1887년 2월까
지 약 2년 동안 영국 동양 함대 사
령관 해밀턴 중장이 거문도를 불
법 점령했을 때 이 산에 망대를
설치하여 망을 보았다고 한다. 지
금도 그 터는 마치 봉화대처럼 사
각형 석축으로 둘레석을 만들었
고, 쉬고 갈 수 있는 의자도 놓여
있다.

정상에서 동백나무 숲을 지나
내려오면 절벽에 호랑이 얼굴을
한 바위가 절벽에서 바다를 향해
얼굴을 내밀고 있다. 눈을 아래로
돌리면 신선바위가 나타난다. 아
래로 잠시 내려가다 다시 깎아지

신선바위 신선들이 바둑을 두고 풍경을 즐겼다는 신선바위는 수직으로 깎아지른 듯한 바위를 오르면 5~6평의 널찍한 반석이 나타난다.

른 듯한 수직 바위를 오르면 5~6평 정도의 널찍한 반석이 나타난다. 이 반석 위에서 신선들이 바둑을 두고 풍류를 즐겼다고 한다. 신선이 아닌 보통 사람은 오금이 저려와 도저히 서 있기조차 무서운 곳이다. 속 좁은 사람, 때 묻은 사람은 스스로 포기하는 것이 좋다.

아무리 무섭더라도 꼭대기에 서서 팔을 벌리고 긴 호흡을 하여 보라. 신선이 되어 창공을 날게 될 것이다. 천길 단애 아래 짙푸른 바다가 내뿜는 하얀 포말은 환상의 세계이다. 축대 위에 고스란히 남아 있는, 분재 같은 교목 몇 그루가 아름다움을 더한다.

귤은 선생은 신선바위에서 보로봉 정상에 올라 「석름귀운(石凜歸雲)」을 노래했다. 신선바위를 비롯한 갖가지 형태의 바위들 틈새로 기웃거리듯 흘러 다니는 구름을 보면서 이 시를 탈고했을 것이다.

절벽은 하늘에 닿아 날마다 구름인데,	絶壁當天日日雲
자세히 보니 그림도 같고 비단도 같구나.	細看如畵復如紋
아마도 선녀가 높은 산 위에서	也應神女高唐上
안개 빛 비단 치마 곱게 걸치고 아스라이 돌아가나 보다.	瓢渺歸來艶霧裙

그림도 같고 비단도 같은 구름 낀 신선바위의 경치를 읊었다. 바위 이름도 신선이거니와 안개 낀 날 새벽 산행이면 더 실감나게 그 모습을 볼 수 있다. 누구나 한번쯤은 신선을 동경해서 현실 세계를 초월하고 영생 불사하면서 하늘을 자유롭게 나는 꿈을 꾸어 본 적이 있으리라. 만약, 신선바위가 그런 영험을 가지고 있다면 내 차지가 될까?

거문도의 지붕 기와집몰랑

다시 능선을 타고 오르고 내려가고 하다 보면 기와집몰랑이 나온다. '몰랑'이란 산마루란 뜻의 남도의 사투리이다. 서쪽 해안에서 올려다보면 이곳이 꼭 기와집 지붕처럼 생겼다. 그래서 기와집몰랑이라고 한다.

기와를 구울 수 있는 흙도 없고 벼를 재배할 수 있는 넓은 농경지도 없는 거문도에서는 지붕에 얹힐 수 있는 기와나 볏짚을 쉽게 구할 수 없었다. 그래서 육지와 가까운 고흥이나 장흥 등에서 해산물과 물물교환을 하여 생필품도 구했고 볏짚도 함께 싣고 와서 지붕을 이었다. 그래서 옛날 거문도는 억새나 짚으로 지붕을 이어 기와집은 거의 없었다. 집 모양은 일자 형태의 외통집이었다.

거문도 사람들은 아예 한 용마루 아래에 방이 2줄 혹은 3줄의 복수로 배치되는 양통집이나 겹집, 그리고 'ㄱ'자 형태의 곱은자집은 짓지를 않았다. 심한 바람을 피하기 위하여 지붕을 새끼나 칡넝쿨로 그물처럼 촘촘하게 엮기도 하고 무거운 돌을 매달아 놓기도 했다.

간혹 까치구멍이라고 하여 용마루를 짧게 하고 좌우 양끝의 짚을 안으로 우겨 넣어 까치가 드나들 만한 구멍을 내는 일도 있었다. 이 구멍을 통하여 집 안에 햇볕이 들어오고 연기가 빠져나가도록 하기 위함이었다.

이렇게 초가에서 살다보니 좀 품위가 있어 보이는 기와집이 그리웠는지도 모른다. 기와집몰랑에 오르면 희한하게도 산마루에는 세월의 풍화에 깎이고 닳은 납작한 돌들이 겹겹이 쌓여 있어 그 형태가 마치 기와로 이어놓은 대궐 같다. 주위에서는 인동초의 향내가 코끝을 진하게 자극한다. 흰색과 노란색이 섞여 피어 있는 금은화(金銀花)의 자태가 참으로 곱다. 매서운 겨울의 바닷바람을 잘 이겨냈기에 그 꽃도 아름다운지 모른다.

기와집몰랑　서쪽 해안에서 수월산을 올려다보면 꼭 기와집처럼 생긴 산마루가 나타난다. 기와집몰랑에 오르면 희한하게도 산마루에는 세월의 풍화에 깎이고 닳은 납작한 돌들이 겹겹이 쌓여 있어 그 형태가 마치 기와로 이어놓은 대궐 같다.

　　요즈음은 그 특유의 은은한 향과 달고 깔끔한 맛을 그대로 간직한 음료까지 개발되었다. 또, 피부 미용에도 좋다 하여 인동초 화장품까지 나왔다. 인동초는 예부터 민간 요법으로 간염, 황달, 숙취 제거 등에 널리 이용되어 왔다. 인동초 꽃길을 걸으면 마시고 바르지 않아도 취기가 가시고 피부가 좋아지지 않을까?

　　기와집몰랑 능선을 타고 내려와서는 다시 불탄봉으로 오른다. 옛날부터 산불이 자주 발생하여 봉우리가 마치 불에 탄 것처럼 되어 있는 192미터의 봉우리로 화탄봉이니 덕흥산이니 하는 다른 이름도 가지고 있다.

　　산 정상에는 귀신도 싫어한다는 돈나무가 바닷바람에도 반질반질한 윤기를 자랑하며 균형 잡힌 몸매를 드러내고 있다. 늘 푸른 돈나무는 봄에서 여름 길목에 작은 유백색의 꽃이 진한 향을 내뿜으며 무리지어 피어난다. 이 꽃들이 지고 나면 그 자리에 구슬 같은 열매를 맺고, 성숙한 열매는 다시 루비처럼 생긴 작고 불그스레한 씨알을 내놓는다.

사실, 돈나무는 돈과는 아무런 관련이 없다. 이파리가 끈적끈적하고 독특한 냄새까지 뿜어대는 바람에 오히려 파리가 즐겨 찾는다. 똥나무인 것이다. 그런데 '똥'을 '돈'으로밖에 발음 못하는 일본 사람에 의하여 똥나무가 돈나무로 변했다고 한다.

지역에 따라서는 섬음나무, 갯똥나무, 해동(海桐) 등으로 달리 부르고 있고, 또 꽃의 향기 때문에 한자로 칠리향(七里香)이니 천리향(千里香)이니 하는 이름도 있다. 섬음나무는 섬에 사는 음나무 곧 엄나무인 듯하다.

남도 지방에서는 입춘 때 가시가 엄하게 많은 엄나무를 드나드는 문 위에 걸어 놓는 풍습이 있다. 잡귀의 침입을 막는다는 속설 때문인데, 중국 한나라 때 천년을 살았다는 동방삭의 설화에서 연유한다.

천도복숭아를 훔쳐 먹고 신술을 부리며 지상에서 오래 살고 있는 동방삭은 자신을 잡아오라는 염라대왕의 사자(使者)를 만났다. 동방삭은 먼저 자신이 가장 무서워하는 것은 동치미와 수수팥떡이라고 거짓으로 말하며 사자들이 무서워하는 것이 무엇인지를 물었다. 그들은 돈나무와 왼새끼라고 가르쳐 주었다. 말을 마치자마자 동방삭은 얼른 왼새끼줄을 허리에 감고 돈나무 숲으로 숨어 버렸다. 사자들은 동치미와 수수팥떡을 돈나무 숲으로 던져 댔지만 동방삭은 이를 맛있게 받아먹으며 자신을 잡으러 온 그 귀신들을 물리쳤다고 한다.

어쨌거나, 잎이든 나무껍질이든 돈나무는 아름다운 몸매와 향기로운 꽃으로 인해 조경수로 인기가 높다. 또 혈압을 낮추고 혈액 순환을 도우며 종기를 낮게 하는 효능도 가지고 있다 하니 여러모로 요긴한 나무가 아닌가?

억새풀이 무성한 덕촌마을

불탄봉 동쪽 아래로는 덕촌이다. 약간 북쪽에 대봉이 자리하며, 보로봉에서 대봉에 이르는 산줄기를 경계로 동쪽 내해 방향으로는 완만해서 농사를 지을 수 있는 농경지가 어느 정도 펼쳐져 있으나 서쪽은 경사가 급한 악산으로 동백나무·소나무·거문도 벚나무·돈나무 등 지역 고유 수목이 울창한 난대림 지역이다.

덕촌은 쌔덤불, 쇠끼미, 금곡, 등리, 덕흥 등으로 부른다. 이름이 다양한 것은 순전히 그 유래 때문이다. 쌔덤불은 이 지역에 원래 억새가 무성했던

박옥규 제독 송덕비 거문도 사람들에게는 자긍심을 일깨워 주는 박옥규 제독은 한국 전쟁 당시 해군 참모총장을 지냈다. 현충일이나 국군의 날에는 송덕 행사를 갖는다.(위)

덕촌마을 전경 불탄봉 동쪽 아래에 자리잡은 마을이 덕촌이다. 보로봉에서 대봉에 이르는 산줄기를 경계로 동쪽 내해 방향으로는 완만해서 농사를 지을 수 있는 농경지가 어느 정도 펼쳐져 있으나 서쪽 은 경사가 급한 악산으로 난대림이 펼쳐진다.(옆면)

곳이라 해서 생긴 이름이고, 쇠끼미는 억새가 많은 후미진 바닷가라는 데서 붙은 지명이다. 산등성이가 길어서 등리라 했는데 여기서 덕흥이라는 이름 도 생겨났다.

거문도의 중등 교육을 책임지고 있는 중학교가 이 마을에 자리하고 있다. 그런데 안타깝게도 젊은 사람들이 섬을 떠나면서 학생들도 많이 줄어든 상 태이다. 마을 앞에는 한국 전쟁 당시 제2대 해군참모총장을 지낸 박옥규(朴 沃圭) 제독의 송덕비가 세워져 있다. 거문도 섬 사람들에게는 대단한 자긍심 을 불러일으키고 있는데 2003년에야 국가현충기념물로 공식 지정되어 지방 중요 문화재로 정식 등록됐으며, 현충일이나 국군의 날에는 송덕 행사를 갖 고 있다.

동백꽃과 동박새 이야기

음달산으로 향하는 길은 마치 천연의 자연 휴양림을 거닐고 있는 듯한 느낌을 준다. 어쩌다 약간의 공간이라도 있는 곳에는 사람이 살았던 흔적도 남아 있다. 해안의 바닷물과 돌이 하얗고 가을에는 그 색깔이 백설 같다는 백추(白秋－흰초－白草, 신초) 신추), 패랭이를 쓴 중이 살았다는 중굴, 지픈개(깊은개－深浦) 등은 이제 다 폐허가 되어 버렸으나 사람이 살았던 흔적은 지금도 잡목과 풀 속에 남아 있다.

키를 조금 넘는 억새들이 바람에 흔들린다. 태풍 맛을 본 고사된 소나무들은 선 채 그대로 마지막까지 강하게 버티고 섰다. 대나무도 숲을 이루며 한몫을 하고 있다. 동백나무도 수월산처럼 군락을 형성하고 있다. 고맙게도 등반을 할 수 있도록 누군가가 길을 편안하게 내놓았는데, 숲 사이로 언뜻언뜻 보이는 푸른 바다며 맑은 공기와 동박새의 울음소리는 이목구비뿐만 아니라 마음까지 맑고 깨끗하게 한다.[10]

동박새는 참새와 비슷하게 생겼다. 등은 녹색이고, 배는 희며, 목은 노랗고, 눈의 가장자리에 은백색의 고리 무늬가 있다. 부리는 가늘고 뾰족하며, 혀끝이 브러시 모양으로 되어 있어서 과즙이나 꿀을 빠는 데 제격이다. 울음소리는 매우 맑

만개한 동백 동박새는 겨울철에는 동백나무 숲에서 동백나무 꽃의 꿀을 따먹고 산다. 동백은 바로 이 동박새 때문에 추운 겨울에도 공생하며 열매를 맺는다. 조매화인 것이다.

억새 사이로 난 등산로 불탄봉에서 음달산을 향하다 보면 억새밭이 나온다. 키를 넘는 억새 사이로 누군가가 길을 편안하게 내놓았다. 숲 사이로 언뜻언뜻 보이는 푸른 바다며 맑은 공기와 동박새의 울음소리는 마음까지 맑고 깨끗하게 한다.

고 청아하다. 겨울철에는 동백나무 숲에서 동백나무 꽃의 꿀을 따먹고 산다. 여름철에는 수목의 작은 가지나 잎 사이를 활발하게 다니며 거미·진드기·곤충 등을 잡아먹고 산다. 벚나무나 매화나무의 꽃이 한창인 계절에는 꿀을 먹으러 모여든다. 동백은 바로 이 동박새 때문에 추운 겨울에도 공생하며 열매를 맺는다. 조매화인 것이다.

동박새의 울음소리에 반한 거문도 사람들은 간혹 집안에서 키우기도 한다. 수컷은 '쫑도리', 암컷은 '맨따구'라고 하며, 집 안에서 키우면서 전축이라도 틀어 놓으면 그 노래가 끝날 때까지 같이 따라 노래를 한다. 동박새는 노래를 좋아하는 근성 때문에 거문도 사람들과 친해진 새이다. 거문도 사람들은 동박새를 잡을 때 감탕나무를 이용한다. 감탕나무는 추위를 싫어하여 거문도와 같은 난대 지방에서 잘 자란다. 얼핏 보아 꽝나무와 비슷하게 생겼다. 그러나 잎이 서로 어긋나게 달리고 갸름한 잎 모양도 훨씬 품위가

용연 음달산에서 용냉이로 흐르는 산자락 끝에는 둘레가 80미터나 되는 연못, 용연이 있다. 소 안에 다 실타래를 넣으면 제주 한라산 백록담으로 나온다고 하는데, 용연의 일몰은 대단한 구경거리이다.

있다. 나무껍질은 회백색이며 갈색을 띤다. 암수딴그루이고 4월에 가지의 잎겨드랑이에 엷은 황록색의 작은 꽃이 피고 늦가을에 지름 1센티미터 정도의 둥근 열매가 붉게 익는다. 봄·여름에 나무껍질을 벗겨 내고 물에 담가 썩힌 뒤 절구로 찧어서 고무 형태의 끈끈이를 추출한다. 이 끈끈이를 나무에 발라 놓으면 동박새가 날아와 앉았다가 도망가지 못한다고 한다. 자연에서 터득한 지혜라고나 할까?

불탄봉에서 음달산을 향하다 변촌에 못 미친 산중에 색다른 묘역이 하나 나타난다. 예덕나무가 넓은 이파리로 봉분을 덮고 있는데, 비문으로 보면 가선대부 남운경(南雲景)의 묘임을 알 수 있다. 비신과 비갓을 하나의 돌로 깎고 다듬었는데, 갓의 문양을 꽃으로 장식했다. 망부석은 무려 230센티미터 정도나 되며, 잘 생긴 동자석 가슴에는 십자가가 양각되어 있다. 이런 문양이나 형태로 보아 예사롭지 않은 것은 분명하지만 궁금증을 가진 채 산길을 재촉해야 한다. 해가 지기 전에 용냉이에 도착해야 하기 때문이다.

서도 변두리 변촌마을

묘역을 지나 다시 장촌으로 향하면 작은 마을 변촌부터 만난다. 변두리라는 뜻의 갓지미에서 유래된 이 마을은 다른 마을에 비해 논농사를 조금 짓고 있다. 불탄봉에서 흘러내린 경사가 완만해서 마을 앞에 농경지가 제법 펼쳐져 있거니와 뒷산에는 상록수가 울창하여 물도 맑고 풍족한 편이다.

다시 장촌마을로 향하면 쇠마우개이다. 이 이름은 울타리를 막아서 소를 키우던 곳을 이르는 말로 '소+마구+개(浦)'가 변한 말이다. 변촌과 장촌 사이에 있는 곳으로 영국군이 거문도를 무단으로 점령했을 때 이곳에다 소와 양들을 가두어 놓고 길렀던 것이 땅이름으로 굳어진 것으로 보인다.

용만낙조(龍巒落照), 용연

음달산 서쪽 능선을 타고 억새들의 숲을 헤치고 또, 동백나무 군락을 지나면 서쪽 해안에 닿는다. 음달산에서 용냉이로 흐르는 산자락 끝에는 널따란 바위들이 있다. 그 위에는 둘레가 80미터나 되는 연못이 있다. 용연(龍淵)이다. 이곳에서 천년 묵은 용이 이 마을 머슴 차돌이의 도움으로 승천하였다고 한다. 이곳 소(沼) 안에다 실타래를 넣으면 제주 한라산 백록담으로 나온다고 한다. 이 용연에서의 일몰은 또한 대단한 구경거리이다. 그래서 귤은 선생도 「용만낙조(龍巒落照)」를 삼호 8경의 하나로 쳤다.

비단과 같은 서쪽 바다에 아름다운 동쪽 산	錦水東西又錦山
푸른 바위 하얀 돌은 그림과 같은 병풍이구나.	蒼巖白石畵屛間
해님은 한순간에 연지 빛으로 바뀌어	須臾幻作臙脂去
곱게 단장한 옥녀(玉女)의 모습이네.	硏抹新粧玉女鬟

용만낙조

일몰의 장관을 연지 찍고 곤지 찍은 여인으로 비유한 착상이 기발하다. 인간은 태양을 가장 두드러진 광채를 가진, 하늘에 있는 신들의 최고 자리를 차지하는 존재로 믿었지 않았는가? 더구나, 밤에는 인간의 사령(死靈)으로서 지하 세계를 여행하는 두려운 존재로 생각지 않았는가?

그래서 일출과 일몰의 장관 앞에서 숙연해지는 법인데, 귤은 선생은 석양의 황홀감을 고운 여인으로 인식했으니 혹시 선생은 호색가였을까 뚱딴지같은 생각이 떠오른다.[11]

음달산 후박나무와 오도리 영감

해가 지면 발걸음을 재촉해서 음달산 6부 능선쯤 돌아 장촌으로 나와야한다. 옛날에는 웃섬잿길이 훨씬 쉬웠으나 이제는 잡목들이 우거져 있어 그 임도는 호락호락한 쉬운 길이 아니다. 오는 길에는 후박나무가 가장 눈에 많이 띈다.

후박나무는 녹나무과에 속하는 늘푸른나무로, 그 이름만큼이나 후박하고 소탈한 느낌을 준다. 반질반질하고 도톰한 잎 때문이다. 5~6월에 황록색의 꽃이 피고, 열매는 장과(漿果)로 지름 1센티미터 정도의 공 모양이며 다음해 7월에 흑자색으로 익는다. 껍질은 회백색이고 비늘처럼 벗겨지는데 이놈이 바로 후박이다. 한방에서는 후박을 말려 위장이나 천식 등에 약재로 쓴다. 이 덕에 후박나무는 한 스무 살 정도 되면 인간에 의하여 수난을 겪는다. 해인사 팔만대장경 판목이 상당수 후박나무로 만든 것이라 하며, 울릉도 호박엿도 사실은 후박엿이라는 말이 있고 보면, 사람은 이름을 남기고 후박나무는 껍질을 남기는가?

다행히 수백 년 혹은 수십 년을 버텨 오며 천연기념물로 보호받는 운 좋은 놈들이 있다. 진도 관매의 서낭당 당산나무, 남해 창선 들녘의 왕후박, 둘레가 4미터에 가까운 통영 추도의 거목 등이 그들이다. 용냉이로 넘는 길목

에 고맙게도 내해로 드는 강한 바람을
온몸으로 막아내며 자기네들끼리 의
지하고 있는 후박나무 군락은 오히려
의연하기까지 하다.

장촌이 보이는 산자락을 돌아들면
오성일(吳性鎰)의 비도 만난다. 오성
일은 1854년 이곳 장촌에서 태어나
1890년(고종 29) 그의 나이 36세 때 초
대 울릉도감을 지낸 사람이다. 거문도
사람들은 그를 오도리 영감 혹은 오돌
감이라고 불렀다. 이 말은 도감(島監)
에서 온 듯한데, 장촌마을 앞 큰 돌다
리를 그가 혼자 들어 놓을 정도로 상당
한 장사였다고 한다. 또, 진취적 개척
정신과 일본에 대한 저항 정신으로 마

오성일의 묘 오성일은 초대 울릉도감을 지
낸 사람으로 진취적 개척 정신과 일본에 대
한 저항 정신으로 마을 사람들을 깨우쳤다고
한다. 마을 사람들은 그를 민중의 거인으로
추모한다.

을 사람들을 깨우쳤다고 한다. 그래서 마을 사람들은 그를 민중의 거인으로
추모하고 비까지 세워 두었다.

홍국어화(紅國漁火), 고깃배들의 불야성

오도감의 비를 뒤로 두고 내려오는 길에는 양지 쪽으로 참나리가 곱고,
그늘진 곳에는 천남성이 숨어 있다. 붉다 못해 검은 산딸기도 한 주먹 따서
입에 넣으면 어느새 길게 뻗어 있는 산 그림자도 사라지고 없다.

장촌으로 나오는 산몰랑에 오르면 고깃배들이 밝히는 휘황찬란한 불빛
으로 내해의 불야성을 볼 수 있다. 밤마다 불을 밝힌 배들이 쉼 없이 들락날
락한 곳, 귤은 선생은 그 모습을 「홍국어화(紅國漁火)」로 표현했다.

맑은 물결은 발 사이로 붉게 물들었는데
조각배는 물살을 가르며 동서로 오가는구나.
물가를 예쁘게 단장한 꽃 그림자 예쁘니
강가의 다락에는 밤마다 봄바람이 서늘하네.
隱潾光景入簾紅
錦浪扁舟西復東
粧點滄洲花影好
江樓夜夜坐春風

저녁이 되면 만선의 불을 밝힌 수많은 고깃배들
이 내해로 몰리면서 그야말로 밤바다는 불야성을
이룬다. 멸치·고등어·오징어 등은 빛을 좋아하
는 어족들로 이놈들을 잡으려면 집어등을 설치해
야 한다. 지금이야 배의 엔진을 이용한 발전 시설
로 불을 밝히지만, 옛날에는 그저 송탄유나 카바이
드 혹은 석유를 이용했을 것이다. 그랬어도 밤바
다는 생존의 고달픈 현장이 아니라 휘황찬란한 꽃
밭의 세계가 되었을 것이다. 귤은 선생은 이 광경
을 목격하면서 자신의 귤은재에서 「홍국어화」를
읊었다.

거문도에서의 밤은 낭만적이다. 산행으로 지친
피로도 잠시 잊고 민박집에서 달도 구경하고 별도
헤면서 밤을 보내 보라. 거기다가 거문도식 홍합
밥에 할매집 막걸리를 곁들여 보라.

거문도 밤 풍경 홍국어화 저녁이 되면 만선의 불을 밝힌 수많은
고깃배들이 내해로 몰리면서 그야말로 밤바다는 불야성을 이룬다.
귤은 선생은 밤마다 불밝힌 배들을 홍국어화라고 하였다.

거문도의 밤바다

문화와 교육의 중심 장촌마을

장촌은 서도의 내해 해안선을 따라 길게 형성된 마을이다. 그래서 예부터 진작지 혹은 장작리라고 불렀다. 유식한 어른이 많이 태어났다 해서 장촌(長村)이라는 명칭도 생겼다. 지금은 서도리가 행정 명칭이지만, 이 마을에서는 그냥 장촌으로 불러 주기를 좋아한다.

장촌은 거문도에서 두 번째로 높은 음달산이 마을 뒤에 버티고 있다. 북쪽 이끼미 해안을 중심으로 제법 농사를 지을 만한 땅도 있다. 그래서 이 마을은 옛날에는 농사도 지었고 고기잡이도 잘되어서 생활에 비교적 여유가 많았다. 그러다 보니 거문도의 행정 및 교육의 중심지로 발달했다.

1896년에는 면사무소가 설치될 정도로 거문도의 행정 중심지였고, 1899년부터는 마을 인재들이 일본으로 유학을 가기도 했다. 또, 1906년에는 학부 대신의 인가를 얻은, 낙영학교(서도초등학교 전신)가 들어서기도 했다.

갑오경장 이후 개화에 대한 열기가 반영되어 사립학교들이 세워지기 시작하였으며, 을사조약으로 인해 정치 활동이 거의 불가능해진 당시 사회에서 교육 구국 운동 차원의 사립학교 설립 운동이 전개되었다. 거국적인 사립학교 설립 열기는 일찍이 절해 고도인 거문도에도 미쳤다.

우탁(又濯) 김상순(金相淳) 선생에 의해 이 낙영학교가 당시 전남에서는 송정리와 목포에 이어 세 번째로 설립된 것이다. 100여 년의 역사를 지닌 이 학교는 학생수 감소로 인하여 거문초등학교 서도분교로 그 명맥을 유지하고 있을 뿐이다.

이렇게 장촌은 행정과 교육의 중심지였기 때문에 인물도 많이 나왔다. 그중 충효와 높은 학덕으로 학문을 후세에 전파한 만회 김양록, 서당을 만들어 문맹 퇴치에 앞장서면서 흉년이 들면 많은 곡식을 풀어 마을 사람들을 구제

장촌마을 장촌은 서도의 내해 해안선을 따라 길게 형성된 마을로 높은 음달산이 마을 뒤에 버티고 있다. 북쪽 이끼미 해안을 중심으로 제법 농사를 지을 만한 땅도 있고 고기잡이도 잘 되어서 생활에 비교적 여유가 많았다. 그러다 보니 거문도의 행정 및 교육의 중심지로 발달했다.

한 만회의 아들 김지옥, 무과에 급제하고 인동도호부사를 지낸 김정태, 사립 낙영학교 설립자 김상순 등이 그들이다.

　이 분들의 업적을 기리는 서산사(西山祠)는 마을 뒤 음달산 중록쯤 내해를 바라보며 100여 평의 대지에 자리 잡고 있다. 이 사당은 1900년에 처음으로 세웠다 하나 지금은 오래된 흔적은 볼 수 없고, 1985년에 각계의 성금으로 건립된 2동의 시멘트 건물이 조금은 멋쩍게 앉혀 있다. 정문은 3칸의 솟을대문 형태인데, 쌍여닫이문 위에 경앙문(景仰門)이란 현판을 걸었다. 본관은 목조 정면 3칸 측면 2칸의 팔작지붕 기와집이다. 여기에 사용한 주춧돌의 일부는 건너편 유촌의 옛 거문진 객사 터에서 옮겨와 사용했다고 한다.

서산사 장촌은 만회 김양록 등 많은 인물을 배출하였는데 그들을 기리는 사당이 바로 서산사이다. 마당 왼편에 2기의 불망비가 있는데, 돌 비석에는 '학생김공지옥흉궁불망비(學生金公祉玉恤窮不忘碑)'를 새겼고, 주물 비석에는 '인동부사김정태흉궁불망비(仁同府使金鼎泰恤窮不忘碑)'를 부었다. 소금기를 머금은 바닷바람이 강한 거문도에서 주물로 비석을 만든 이유가 무엇인가 고개를 갸우뚱거리게 된다.

선각자들이나 조상을 섬기는 일에 왈가왈부할 처지는 못 되지만, 둘 다 기둥에서부터 서까래까지 시멘트 건물이기 때문에 전통적인 건축 양식이라는 생각은 전혀 들지 않는 것이 큰 흠이다.

마당 왼편에는 2기의 불망비가 있다. 하나는 돌 비석이고 다른 하나는 주물비가 서 있다. 이곳에서는 매년 9월 6일 마을 사람들과 집안에서 그 어른들을 섬기는 숭모제를 함께 거행하고 있다.

400년을 이어 온 민요, '거문도 뱃노래'

마을 앞에는 거문도의 민요 '거문도 뱃노래 전수관'이 있다. 「거문도 뱃노래」는 거문도 어민들의 노동요이다.

초등학교 음악 교재에 실려 있을 정도로 유명한 이 노래는 고기잡이배가 떠나기 전에 풍어를 비는 의식을 하면서 부른 「고사소리」, 어부들이 배를 타고 노를 저으며 부르는 「놋소리」, 바다에 쳐놓은 그물을 여러 어부들이 힘을 합하여 한 가닥씩 끌어당겨 올려놓으면서 부르는 「월래소리」, 그물에 걸려 들어온 고기를 가래로 퍼담으며 부르는 「가래소리」, 만선이 되어 들어오며 부르는 풍장노래인 「썰소리」로 구성되어 있다. 또, 칡넝쿨을 거두어 배의 밧줄을 꼬면서 부르는 「술비소리」가 독자적으로 존재하는데, 「거문도 뱃노래」를 시연할 때는 맨 먼저 부른다.

「거문도 뱃노래」는 이 섬에서 약 400여 년 전부터 구전되어 왔다고 한다. 이 노래는 1976년 전국민속예술경연대회에 출전하여 대통령상에 입상, '전라남도 무형문화재 제1호'로 지정되어 보존되고 있다.

해마다 음력 4월 15일 풍어제 때와 8월 한가위 때 시연을 하고 여수에서 벌어진 축제에 단골로 초청되기도 한다. 또 외국 공연도 다녀온 바 있다. 「거문도 뱃노래」는 이제 국제적인 예술로 화려하게 다시 태어났다.

장촌에는 또 특이하게도 울릉도에서 벌목한 목재로 지었다는 가옥이 있다. 만회 김양록 선생의 생가였다고 전해지는 서도리 669번지 목조 슬레이트 건물이다. 이 집은 기둥, 도리, 중방 등 대부분이 양지 바른 산기슭이나 특히 석회암 지대에서 잘 자라는 노간주나무를 이용했다고 한다. 과거에는 툇마루도 같은 재료를 사용했으나 지금은 누구의 손을 탔는지 없어졌다.

원래 초가였던 이 집은 1983년에 슬레이트로 지붕을 개량하였으나 지금은 낡아서 사람이 살 형편이 못 된다. 장촌마을에서는 이를 영구히 보존할 대책을 강구하고 있다.

거문도와 울릉도는 아주 먼 옛날 육지였던 곳이 침강하여 각각 남해와 동해의 외로운 섬이 되었다. 거리상으로 본다면 아주 멀리 떨어져 있는 두 섬이 서로 가까이에 있는 것처럼 교류한 흔적이 있다는 것이 신기할 정도이다.

그런데 거문도와 울릉도는 서로 왕래가 잦았음을 볼 수 있는 증거들이 남아 있다. 이규원(李奎遠)의 『울릉도검찰일기(鬱陵島檢察日記)』에 의하면, 1882년 4월 30일부터 5월 10일 사이에 10~25명의 전라도 삼도 사람들이 울릉도까지 가서 집(막)을 지어 놓고 미역을 채취하거나 배를 만들었다는 기록이 있다. 또, 거문도 민요 「술비소리」에는 '어기영차 배질이야 어기영차 배질이야 / 울고 간다 울릉도야 어기영차 배질이야 / 이물에 이 사공아 고물에 고 사공아 / 허리띠 밑에 하장이야 돛을 달고 닻 감아라' 에서와 같이 울릉도가 노랫말에 등장하고, 「거무타령」에도 '거무야 거무야 경상도 줄거무야 너줄 동동 구르지 마라' 와 같이 경상도가 노랫말에 끼여 있다.

두 민요를 보면 거문도에서 울릉도까지 갔다가 돌아오는 과정을 살필 수 있다. 장촌에서 태어난 오성일이 울릉도 도감을 지냈다는 것도 거문도와 울릉도 간의 특별한 관계를 말해 준다. 그러면 거문도 사람들은 그 위험한 바다를 넘어 어떻게, 왜 울릉도까지 갔을까? 아마 그들은 해류나 바람을 잘 이용할 줄 아는 항해사의 전문가였을 것이다.

남서풍이 불 때 거문도에서 돛단배를 띄우면 울릉도로 향하고, 북서풍이 불 때 울릉도에서 배를 띄우면 거문도에 닿는다. 거문도 사람들은 아주 오랜 옛날부터 이를 이용하여 거문도의 풍부한 수산 자원을 울릉도에 공급하고 반대로 배를 건조하거나 집을 지을 때 사용되는 자재는 울릉도에서 구하는 지혜로운 생활 방식을 터득한 것이다. 울릉도 서남쪽 대풍(待風)구미는 순풍을 기다리는 포구, 곧 가을철 북서풍을 기다린다는 뜻으로, 이곳에 삼도 사람들이 살았다고 하니, 거문도와 울릉도 사이에 맺어진 분명한 흔적이 아니겠는가?

마을의 자랑, 장촌 유물관

장촌의 자랑은 유물관에서 극치를 이룬다. 아마 우리나라에서 마을 단위에 유물관이 있는 곳은 이 마을이 유일할 것이다.

장촌 유물관 우리나라에서 유일하게 마을 단위에 유물관이 있는 곳으로 각종 한서를 비롯한 유물과 유품들이며 교지들이 정리를 기다리고 있다. 어른을 섬기고 조상들의 흔적을 귀하게 여기는 장촌 사람들의 거룩한 정신을 볼 수 있는 현장이다.

종전에는 마을 회관에 비치했었으나 좀 더 크게 확장해서 이전 개관을 서두르고 있는데, 그래도 전시장이 좁아서 준비된 자료들을 다 전시하지 못할 것 같다고 한다.

보관된 자료들을 보면 과연 이 외로운 낙도에도 많은 인물들이 배출되었다는 것을 한눈에 짐작할 수가 있다. 각종 한서를 비롯한 유물과 유품들이며

장촌 표지석 장촌 사람들은 오도리 영감이 놓았던 다리를 수습하여 표지석으로 세우고, 그 아래에다 이렇게 찬가를 새겨 놓았다. 희비의 세월은 사리처다/가슴에 묻고/엎드려 장촌인 발 아래 등을 내맡긴 지/어언 사백 년/문명이란 편리로 덮어버리기엔 너무 무상하여/여기 돌을 세워 영원히 기념하노라.

교지들이 정리를 기다리고 있다. 어른을 섬기고 조상들의 흔적을 귀하게 여기는 장촌 사람들의 거룩한 정신을 볼 수 있는 현장이다.

하여튼, 거문도의 중심임을 자처하는 장촌 사람들은 대단한 긍지를 가지고 있다. 마을 사람들의 강한 자존심이 그대로 녹아 있다. 아마, 세월이 수없이 흐른 뒤에도 후손들의 자존심은 살아 있으리라.

녹문노조(鹿門怒潮), 녹산

장촌을 빠져 나와 녹산으로 오른다. 오르는 길은 탁 트여 사방이 시원하고, 키 작은 잡풀이 바람에 성가셔도 그리 크게 자라서 오히려 사람들을 편안하게 한다. 검은 염소 떼가 풀을 뜯기도 하고, 가끔 젊은 남녀의 로맨스 장면이 목격되기도 한다. 녹산은 사슴의 머리 부분을 닮았다는 산이다. 이 산 북쪽 끝에는 사람이 없이도 태양 광선을 이용하여 밤마다 선박들의 안전을 돕고 있는 녹산 등대가 있다. 1958년에 시설되어 1981년까지는 직원이 관리했으나 그 후로는 제 혼자 태양열을 받아 신호를 하는 무인 등대로 바뀌었다.

등대가 서 있는 녹산몰랑에 서면 거문도 내해로 들어서는 물살이 무섭게

녹산 등대 녹산으로 오르는 길은 탁 트여 사방이 시원하고, 키 작은 잡풀이 바람에 성가셔도 그리 크게 자라서 오히려 사람들을 편안하게 한다. 녹산은 사슴의 머리 부분을 닮았다는 산으로 이 산 북쪽 끝에는 사람이 없이도 태양 광선을 이용하여 밤마다 선박들의 안전을 돕고 있는 녹산 등대가 있다.

감고 도는 회오리의 장관을 볼 수 있다. 귤은 선생의 '삼호 8경(三湖八景)' 중 「녹문노조(鹿門怒潮)」는 거문도의 입구인 이곳의 부서지는 파도 경관을 말한 것이다.

바다의 목구멍과 같은 녹문(鹿門)이 열렸으니	海門如項鹿門開
온갖 내들 꾸짖으며 바닷물을 내뿜네.	百川呀呷箇中噴
촉루(屬鏤)의 영혼이 아마도 남아 있어	想應屬鏤精靈在
높이 오른 성낸 기세는 백마가 달리는 것 같구나.	怒氣崩騰白馬奔

바람이 조금만 불어도 무섭게 휘돌아치는 물살 앞에서 자신도 모르게 빠져드는 느낌이 드는 곳이다. 동도가 손에 닿을 듯 가깝지만, 감히 무서워 엄

전설이 어린 해안 절벽 거문도에는 신지께 전설이 있다. 달빛 아래서 형언할 수 없을 만큼 아름다운 인어의 모습으로 나타나는 신지께는 배를 쫓아오고, 절벽 위에서는 바다로 나가는 사람들에게 돌멩이를 던져 훼방을 놓았다고 한다. 만약 이를 무시하고 바다에 나갔다가는 반드시 큰 바람을 만나거나 해를 입었다고 한다.

두도 내지 못한다.

촉루는 이미 죽어 장사까지 지낸 초나라 평왕의 무덤을 파헤치고 시신을 채찍으로 때려 아버지와 형을 죽인 원수를 갚았다는 오자서의 명검이다. 오자서는 병법가 손무(孫武)와 함께 합려(闔閭)를 도와 초를 멸망시킨 명장인데, 월나라를 경계해야 한다고 주장했다가 합려와 의견이 맞지 않자 자살했다. 얼마 뒤 오는 오자서의 말대로 월에게 멸망하니, 격렬하고 비극적인 생애로 인해 그는 신격화된다.

귤은 선생이 녹문의 성난 파도를 오자서가 백마를 타고 명검을 휘두르며 달리는 모습으로 비유한 것은 그만큼 녹문 회돌이의 기세가 무서워서였을 것이다.

이끼미 해수욕장

간담은 서늘하지만, 다시 돌아 이끼미 해안으로 돌아 나오면 백사장이 펼쳐진다. 유리미 해안만큼이나 아름다운 이끼미 해수욕장이다. 이곳에도 고운 모래와 아주 잘생긴 자갈이 즐비하게 깔려 있다. 한여름 해수욕 철이 지나도 바다낚시하기에 그만이고, 아이들의 바다 체험 장소로도 안성맞춤이다. 바로 이 해수욕장에서 1976년 새마을 사업을 위해 모래를 채취하던 중 오수전(五銖錢)이 발견되었다. 오수전은 전한 무제 때부터 위진남북조 시대를 거치고 수대까지 약 900년 동안 사용되었던 중국 동전이다. 무게가 5수이기 때문에 오수(五銖)라고 표시한 화폐인데 1수는 0.65그램이다. 둥근 모양에 네모난 구멍이 뚫려 있고 주위에는 선이 둘러 있다.

공주 무령왕릉에서 다량 발견된 바 있는 이 화폐가 거문도에서 발견된 것은 참으로 특이한 일이다. 틀림없이 기원전부터 중국과의 왕래가 있었다는 증거가 아니겠는가? 안타깝게도 이곳에서 출토된 오수전은 거의 사라져 버렸고, 몇 개만 거문도를 떠나 국립광주박물관에 보관되어 있다.

이끼미 해안에서 서북쪽으로 작은 무인도가 하나 있다. 신지께여이다. 옛날, 이곳에서는 인어 모양의 신지께가 자주 출몰하여 고기잡이를 방해했다고 한다.

거문도 사람들은 매일 새벽 1~3시경에 주로 이곳 부근으로 삼치 미기리(줄낚시)를 나갔다고 한다. 그런데 흐린 날은 틀림없이 조금 먼 곳에서 보면 물개 같은 형상이나 가까운 곳에서 볼 때는 분명히 머리카락을 풀어헤치고 팔과 가슴이 여실한 여인이 나타났다고 한다. 하체는 물고기 모양이었지만 상체는 사람 모양을 한 하얀 인어가 분명했다고 한다. 특히, 달빛 아래서의 모습은 말로 형언할 수 없을 만큼 아름다웠다고 한다. 섬 사람들은 그 인어를 '신지께'라 불렀다(신지끼 혹은 혼지끼라고도 한다).

신지께는 거문도, 동도, 서도 세 섬으로 둘러싸인 내해에서는 나타난 적이 없고, 녹산과 같은 섬 밖에서만 출현했다고 한다. 때로는 죽촌 넙데이 해안의 절벽 위에도 나타났다고 하며, 백도 해변에도 자주 출현했다고 한다. 해상에 나타난 신지께는 반드시 배를 쫓아오고, 절벽 위에서는 바다로 나가는 사람들에게 돌멩이를 던져 훼방을 놓았다고 한다. 만약, 이를 무시하고 바다에 나갔다가는 반드시 큰 바람을 만나거나 해를 입었다고 한다. 얼마 전까지만 해도 아이들이 물놀이를 하면서 장난삼아 "신지께다" 하면 냅다 뭍으로 세 걸음을 도망가는 놀이를 즐겼다고 한다.

알고 보면 신지께는 두려운 존재가 아니었다. 날씨를 예측해 주는 고마운 해신이었던 것이다. 바람이 몹시 불거나 물결이 세차게 일면 혹 사고가 날까 염려하여 거문도 사람들을 미리 뭍으로 쫓아낸 것이니, 바다를 텃밭처럼 나다니는 섬 사람들에게 이보다 더 고마운 존재가 있겠는가?

이곡명사(梨谷明沙), 장촌 해안

안데르센 동화를 읽는 것만큼이나 흥미로운 신지께를 생각하면서 발길을 돌려 다시 장촌으로 든다. 장촌 앞에서 변촌까지 길게 뻗어 있는 해안은 지금은 그저 해안일 뿐이다. 그런데 이 해안이 옛날에는 대단히 아름다운 모래로 꽉 들어찼다고 한다. 그래서 귤은 선생은

눈빛인가 배꽃인가 달빛 같은 모래에	雪色梨花月色沙
서로 비친 밝은 빛이 물가에 가득하네.	雙明照麗滿汀多
아마도 먼 옛날 큼직한 바위들이	借問先天許大石
몇 번이나 물에 흔들리고 몇 번이나 문질렀나.	幾回淘汰幾回磨

라고 노래하였다. 「이곡명사(梨谷明沙)」를 삼호 8경의 하나로 쳤는데, 지금은 백사장은 오간 데 없고 해안 작벼리에는 잔돌들이 차곡차곡 쌓여가고 있다. 길가에는 음달산의 생수가 이곡정(梨谷井)으로 흘러 목마른 사람들의 갈증을 풀어 주고 있다.

이곡명사는 삼호의 푸른 바다와 어우러지는 배골의 하얀 모래의 아름다운 경치를 이르는 말이다. 해안 지방에서의 배골은 대개 배들이 드나들던 포구를 말한다. 장촌 해안도 그런 듯한데, 마을 사람들은 자꾸 아니라고 한다. 옛날, 하얀 배꽃이 지천이었다는 것이다. 또, 일본 사람들이 거문도를 점령하다시피 했을 때는 일본 비행기가 뜨고 내릴 정도로 백사장이 넓게 펼쳐져 있었다고 한다. 그러나 지금은 그 어느 것도 짐작하기 어렵다.

다만 동도와 서도 사이에, 고도와 동도 사이에 방파제가 건립되면서 백사장이 없어졌다는 마을 사람들의 주장은 맞는 것 같았다. 동도에서 고도로 뻗어 있는 방파제는 무려 980미터에 이른다니 이로 인한 청정 해역의 환경 변화가 오죽했겠는가?

자연 예술의 걸작, 백도

서른아홉 개의 바위로 이루어진 보석

"아주 오랜 옛날, 옥황상제의 아들은 아버지의 말을 청개구리처럼 듣지 않았다. 옥제는 자신의 아들이 무례하고 칙살맞아서 하늘 아래 바다로 귀양을 보내 버렸다. 그러면 마음을 고쳐먹고 자신의 뒤를 이어 상제 자리에 오를 수 있을 줄 알았다. 그러나 바다로 쫓겨와서도 아들은 용왕의 딸과 눈이 맞아 허송 세월만 보내고 있었다.

세월이 흘러, 옥제는 다시 아들을 불러들여야겠다고 결심했다. 다른 방법을 써서 아들의 행동을 고쳐 줄 생각이었다. 그래서 신하를 내려보내 아들을 데려오도록 했다. 신하들은 함흥차사였다. 한 명씩 내보낸 것이 무려 백 명이나 되었다. 신하들마저 돌아갈 시간을 까맣게 잊어버린 채 용궁 궁녀들과 놀아날 뿐이었다. 옥황상제가 이런 사실을 모를 리 없었다. 옥제는 비뚤어진 아들과 신하들에게 벌을 내렸다. 모두 돌로 변하게 해 버린 것이다. 백도는 그렇게 해서 외로운 섬이 되었다고 한다."

이런 재미있는 이야기를 간직한 백도는 거문도에서 동쪽으로 28킬로미터 떨어진 무인도이다. 지리적으로는 동경 127도 34분, 북위 34도 02분 30초에 위치하며, 행정 구역상으로는 전남 여수시 삼산면 거문리 산 30∼65번지까지이다.

섬 전체가 온통 하얗게 보인다고 해서 백도라 했다는 이야기도 있고, 1백 개에서 하나가 모자란 99개의 섬이 군도를 이루고 있다는 데서 백(百)에서 하나를 빼니 백도(白島)가 되었다는 이야기도 있다.

그러나 백도는 실제로 39개의 크고 작은 바위들로 이루어져 있다. 크게 상백도와 하백도로 구분한다. 상백도는 거문리 산 30∼50번지까지로 21필지에 1938년에 시설된 무인 등대가 있는 본 섬을 비롯하여 19개의 작은 섬들

하백도 절경 섬 전체가 온통 하얗게 보인다고 해서 백도라 했다는 이야기도 있고, 백에서 하나를 빼니 백도가 되었다는 이야기도 있다.

상 · 하백도의 섬과 바위들

로 구성되어 있다.

하백도는 거문리 산 51∼65번지까지 15필지에 15개의 섬이 여기에 속한다. 다 합쳐 봐야 34개밖에 되지 않지만, 번지가 부여되지 않은 섬까지 합하면 39개가 되며, 물 밖으로 나왔다 잠겼다 하는 바위섬까지 포함하면 67개이다. 면적은 이들을 다 합해도 20만 평이 넘지 않는다(641,130평방미터).

백도의 절승은 암석의 광물 조성과 조직, 지질 구조, 해식 작용 및 풍화 작용 등에 의하여 주로 치밀하고 견고한 화강암 바위들이 연출하고 있다. 특히 수직 절리 현상에 의한 경관이 매우 아름답다. 또 작은 바위들이 나타났다가 사라지고 사라졌다가 다시 나타나면서 그 신비로운 운치를 더한다. 이는 한반도 남해안의 다도해에서 흔히 볼 수 있는 리아스식 해안의 특성과 같다.

산몰랑은 거의 바위뿐이다. 평평하다고 해도 면적이 좁아서 육지보다 강수량이 비교적 많은 편이나 수계는 형성되어 있지 않고 퇴적 작용도 거의 이루어지지 않았다. 얼마나 바람이 거세게 불었는지, 살아 있는 식물들은 흘러내린 얕은 토심에 뿌리를 단단히 박은 채 땅바닥에 딱 붙어 왜소하게 자라고 있다.

하백도 해안 부근에는 아직까지 우리 나라 다른 곳에서는 발견된 바 없는 '거문도닥나무(Wikstroemia Gampi)'와 '덩굴옻나무(Rhus ambigua)'도 자생하고 있다고 보고되었다. 이들은 도리어 기이하게 생긴 바위와 멋지게 조화를 이루고 있어 백도를 신비의 섬으로 바꾸어 놓았다.

이 아름다운 섬 안에는 천연기념물 215호인 흑비둘기를 비롯하여 휘파람새와 팔색조 등 뭍에서 살기 힘든 30여 종의 조류가 사람의 손이 닿지 않은 바위틈을 제집으로 삼고 자유롭게 서식하고 있으며, 120여 종의 희귀식물도 안개와 이슬을 받아 마셔 가며 청정하게 살아가고 있다.

백도는 쿠로시오 난류의 영향으로 아열대 및 난대성 식물이 뒤섞여 이국적 풍경까지 자아낸다. 강한 해풍에도 상백도의 병풍섬에는 동백나무와 돈

백도 풍란과 원추리 백도에는 천연기념물 215호인 흑비둘기를 비롯하여 30여 종의 조류가 서식하고 있으며, 120여 종의 희귀식물도 안개와 이슬을 받아 마셔 가며 청정하게 살아가고 있다.

나무가 군락을 이루고 있고, 등대섬이라고 부르는 본 섬에도 후박나무·돈나무가 역시 군락을 이루고 있다.

또, 간혹 사철나무·큰보리밥나무·곰솔·눈향나무 등이 바위틈에 뿌리를 박고 자라고 있다. 그리고 사방에 억새가 억세게 살아가고 있는데, 풍란·석곡·가시엉겅퀴·갯고들빼기·왕밀사초·섬천남성 등도 자기 자리를 굳게 지키며 꽃씨를 날려 자손을 이어가고 있다. 원추리·나리·찔레 등이 꽃을 피우는 여름이면 백도는 환상의 섬으로 변한다.

백도 해안의 연평균 수온은 녹조류·갈조류·홍조류 등 해조류가 살기에 매우 적합한 섭씨 16.3도 정도이다. 그래서 백도의 해조류들은 따뜻하고 청정한 바다 밑에서 아주 풍성한 밭을 이루며 자라고 있는데, 바다 밑의 수려한 경관은 다이버들이 즐기는 신천지가 되고 있다. 또, 백도 해조류는 육지 사람들에게 대단히 인기가 높은 식량 자원이다.

국가명승지 7호, 다도해해상국립공원

백도는 거의가 갖가지 모양의 기암 괴석으로 천인단애(千仞斷崖)를 이루고 있다. 수많은 세월 동안, 해식으로 인해 절벽이나 급경사가 발달한 절리이다. 세찬 파도에 부딪히는 절벽 아래쪽은 쐐기 모양으로 깊고 날카롭게 노치(notch)를 형성했고, 절벽 틈새는 파도에 깎여 크고 작은 해식굴이 저마다 이야기를 간직하고 있다.

암석의 노두(露頭) 면은 풍화로 인해 무수한 타원형 및 원형, 곧 타포니(tafoni)가 발달해 있다. 절리에 따른 높은 단애와 깊은 동굴은 해식에 의하여 다양한 형태를 보여 주고 있는 것인데, 이게 또한 사람들의 탄성을 자아내게 하는 볼 거리가 되고 있는 것이다. 그래서 백도는 이미 1979년에는 국가 명승지 제7호로, 1981년에는 다도해해상국립공원으로 지정되었다. 그만큼 백도는 이제 보호되어야 할 우리의 유산이 되었다.

상륙할 수는 없지만, 유람선을 이용한 백도 탐방은 영원히 환상적인 드라마로 남을 것이다. 백도 유람선은 거문도에서 수시로 오간다.

거문항을 출발한 유람선이 녹문을 거쳐 한 30분쯤 가다보면 백도는 하늘과 바다가 맞닿은 그 사이로 비경을 서서히 드러낸다. 횡대로 벌여 있는 작은 섬들이 물에 떠 출렁이는데, 가운데가 조금 떨어져 있다. 왼쪽이 상백도이고 오른쪽이 하백도이다.

상백도는 등대섬이 가운데 우뚝 솟아 있고, 그 왼쪽에는 병풍섬, 곰보섬, 와도가 서로 붙어 있는 것처럼 보인다. 오른쪽은 거북섬과 네댓 개의 바위섬들이 옆으로 팔을 벌리고 있다. 그 길이는 2킬로미터 정도는 될 것이다.

하백도는 멀리서 보면 흰 돌기둥을 수없이 세우고 그 위에 육중한 지붕을 올려놓은 것처럼 생겼다. 이 또한 3채가 횡으로 나란하게 벌여 있는데 상백

백도 기암 오랜 세월 동안 심한 바닷바람과 거센 풍랑의 공격을 그렇게 받고도 저렇게 악버티고 있는 모습들은 가히 환상적인 자연 예술의 대작으로 화려하게 변신했다.

도보다는 조금 작아 보인다.

유람선이 섬 가까이 다가갈수록 탄성을 지르지 않는 사람이 없다. 헤아릴 수 없는 세월 동안, 심한 바닷바람과 거센 풍랑의 공격을 그렇게 받고도 저렇게 악버티고 있는 모습들은 가히 환상적인 자연 예술의 대작으로 화려하게 변신했다. 백도는 모름지기 인간에게 '아름다움이란 인고의 세월 속에서 가꾸어진다'는 교훈도 주고 있다.

바다 위에 박힌 보석, 상백도

유람선은 먼저 상백도 서편을 돌게 된다. 가장 아래에 위치한 세 섬은 흙한줌 보이지 않는 그저 바위 덩어리뿐이다. 아래에서부터 하암, 중암, 상암이라 부른다. 그런데 중암을 자세히 보면 마치 왕관처럼 생겼다.

황혼녘 이 바위는 그야말로 황금덩어리로 부어 만든 아름다운 왕관으로 변신한다. 이 왕관바위를 지나면 탕건여이다. 옥황상제의 신하들이 내려올 때 이 탕건을 쓰고 내려왔다고 한다. 말총으로 제법 맵시를 부린 흔적도 있는 것 같다.

탕건여 바로 위가 나룻섬이다. 옥황상제의 신하들은 이 나룻섬을 이용하여 용궁의 궁녀들과 인연을 맺었다고 한다. 만약, 옥황상제의 아들과 신하들이, 용왕의 딸과 궁녀들이 바위로 변하지 않았다면 백도는 아마도 이 세상에 하나밖에 없는 별다른 세상이 되었을 것이다.

쓸데없는 생각을 하고 있다가는 봉변을 당한다. 한일자로 누운 나지막한 섬이 나타나면 갑자기 파도가 순식간에 그 섬을 덮쳐 버린다. 정신을 차리면 파도가 일자섬을 껴안고 춤을 추는 장면이 목격된다. 무서운 파도가 아니라 유람객들을 위하여 쇼를 하고 있는 스타의 출현이다.

유람선은 본 섬 남쪽 매바위로 접근한다. 산 중턱에 있는 매바위는 유람선에서는 실감할 수는 없지만, 사진 속에서는 매가 분명하다. 이 매바위는 옥황상제의 아들이 풍류를 즐기면서 낚아 챈 새가 돌로 변한 것이라 한다. 비상하려는 듯한 매가 그 부리를 하늘로 치켜들고 있는 모습이 섬뜩하기까지 하다. 그래서 갈매기는 그 기세에 눌려 매바위에 접근조차 하지 않는다.

주위에 있는 암석들은 반대로 풍화작용에 의하여 닳고 닳아 전혀 모나지 않은데, 매바위만큼은 이리 보고 저리 보아도 날카로운 부리를 가진 독수리 머리가 여실하다.

매바위 바로 옆 꼭대기에는 하늘을 향해 있는 하얀 등대가 보인다. 그래

선상 유람 거문항을 출발한 유람선이 녹문을 거쳐 한 30분쯤 가다보면 백도는 하늘과 바다가 맞닿은 그 사이로 비경을 서서히 드러낸다. 횡대로 벌여 있는 작은 섬들이 물에 떠 출렁이는데, 가운데가 조금 떨어져 있다. 왼쪽이 상백도이고 오른쪽이 하백도이다.

서 본 섬을 등대섬이라고도 한다. 본 섬은 해발 130미터로 백도에서는 가장 높은 봉우리를 가졌다. 이곳에는 선착장과 부대 시설이 있어 상륙이 가능하다. 꼭대기에 오르면 아름다운 백도의 전경을 한눈에 조망할 수 있다. 그러나 섬 위에 올랐다가는 성가신 일이 생긴다. 해상국립공원 백도 일대는 모두 인간의 접근을 경계하고 있기 때문이다.

섬 밑동은 그저 바람과 파도에 씻기고 할퀴어 험한 맨살을 드러내 놓고 있는데, 봉우리로 갈수록 파란 풀과 나무들이 바위에 뿌리를 박고 제법 왕성하게 자라고 있다.

운이 좋은 날은 노랗다 못해 붉은 원추리가 꽃대를 올리고 있는 장면을 볼 수도 있다. 그 봉우리에 하얀 등대가 하늘을 향해 제 몸을 드러내 놓고 있다. 워낙 깎아지른 절벽인지라 아래에서 쳐다보기란 쉽지 않다. 얼마 전까지

왕관바위(위, 아래)

만 해도 무수한 배들이 저 등대의 안내로 아무런 탈 없이 망망대해를 들고났을 것이다. 이제는 하얗게 하늘로 솟아 백도를 오가는 사람들에게 아름다움을 선사하고 있으니 역시 등대는 인간에게 고마운 존재임에 틀림없다.

형제바위는 하늘에서 내려 온 신하의 형제가 숨어서 옥황상제의 꾸지람을 듣다가 그렇게 되었다고 한다. 본 섬과 와도 사이 봉우리 위에 하나는 조금 크고 하나는 조금 작은 것이 형님인 듯 아우인 듯, 그러나 똑같은 얼굴로 마주 보고 있는 모습으로는 형과 아우를 구분하기 어렵다. 그래서 쌍둥이바위라고도 한다.

물개바위를 지나고 곰보섬을 거치면 세 신선이 바다에 내려와 놀고 있는 형상인 삼선암이다. 모두가 뾰쪽한 모양에 풀 한 포기 자라지 않는 암체일 뿐, 글쎄 신선들의 놀이터였다는 이야기는 아마 말하기 좋아하는 사람들의 일설이 아닌지 모르겠다.

상백도 북동쪽의 병풍섬 정상에는 시루떡바위가 있다. 마치 시루떡을 세 돌기 켜켜이 쌓아 놓은 모양을 한 이 바위는 옥황상제의 아들과 용왕의 딸이 잔치를 베풀 때 상에 놓아두었던 떡이 변한 것이라 한다. 유람선에서 내려 한 점 입에 넣고 가도 될 것 같은데 선장은 서둘러 병풍바위로 키를 돌린다.

깎아지른 병풍바위 절벽의 포획암에는 풍화와 해식 작용으로 인한 타포니 자국이 나 있다. 마치 포탄 자국 같기도 하고, 석수장이가 망치와 정으로 일부러 구멍을 파 놓은 것 같기도 하다. 작은 아기곰이 유람선을 내려다보고 있는 꼭대기에는 빈약한 형태로나마 풀이 포기 지어 듬성듬성 자라고 있는데, 그 풀은 아기곰의 일용할 식량이 아닌지?

상백도 동편은 그저 절벽뿐이다. 바람도 제법 세고, 풍랑도 사납다. 그래서인지 암벽의 표면이 유난히 거칠고 절리 현상도 매우 뚜렷하다.

와도로 내려오면, 마치 흘러내리고 있는 용암처럼 전혀 다른 색깔을 한 바위가 다른 바위들 사이를 비집고 흘러내리는 광경이 목격된다. 지네 같지

시루떡바위

병풍섬

탕건여

일자섬

병풍섬

물개바위   와도   동암

상백도

형제여   등대섬

여자섬   촛대바위

일자섬   거북섬

형제섬   남자섬

삼섬

매바위   삼선바위

형제바위

한반도바위

등대섬

촛대바위

부채바위

거북바위

물개바위

지네바위 마치 흘러내리고 있는 용암처럼 전혀 다른 색깔을 한 바위가 다른 바위들 사이를 비집고 흘러내리는 광경이 보인다. 백도는 지네가 살지 않는다고 하는데 지네바위라고 하였다.

않은데 지네바위라고 한다. 전문가의 말을 빌리자면 화강암 사이의 중성 맥암(Dyke rocks)이라고 한다. 백도는 지네가 살지 않는다고 하는데 왜 그런 맹랑한 이름을 붙였을까?

유람선이 기우뚱거리자 선장은 재빨리 속력을 낸다. 배는 어느새 등대가 있는 본 섬 동편에 떠 있다. 이곳저곳에는 바닷물에 의해 침식되어 암벽 사이의 단층이나 절리에 따라 암석들이 파괴되고 탈락하여 동굴을 이루고 있고, 칼에 잘린 듯 동강 난 바위들이 좁은 수로를 형성하고 있다. 그 사이사이의 정경은 분명 장인의 솜씨는 아니다. 그저 자연 현상일텐데 그 예술성은 신비에 가깝지 않은가?

본 섬 동남쪽 모퉁이를 돌아들면 앞에 나타나는 것은 노적바위이다. 이 노적바위는 옥황상제의 아들과 신하들이 먹을 양식을 쌓아 놓은 바위라 한다. 영락없이 커다란 광이다. 그들은 천 석 만 석 차곡차곡 쌓아 놓은 곡식을 다 못 먹고 돌이 되어 버렸지 않은가? 상백도 가장 아래쪽에는 거북섬이 있다. 상암, 중암, 하암과 어울려 여기도 참으로 아름다운 비경을 연출한다. 사진 속의 거북바위는 더 장관이다. 초여름 본 섬에는 원추리가 곱게 피어 있는데, 뭍을 향해 유유히 헤엄치는 거북 형상은 차라리 실물이다. 해무가 뒤덮은 거북섬은 또 다른 환상의 세계이다.

자연 예술의 대작, 하백도

상백도에서 하백도 서편으로 내려오자 처음 만나는 것은 문섬이다. 문섬이 문을 열어주면 바로 개섬이 나타난다. 이 두 섬은 위에서 내려오면서 보면 떨어진 것 같기도 하고 붙어 있는 것 같기도 하지만 조금만 더 내려오면 좁은 절리 현상으로 갈라서 있다. 이웃사촌인 셈이다.

개섬 서쪽 해안에는 부처님이 절벽 위에 점잖게 좌정을 하고 있다. 관음상 형상을 하고 있는 이 부처바위는 대단한 영험을 가지고 있다고 한다. 그래서 가끔 스님들과 불자들이 찾아와 그 앞에서 선상 법회를 열기도 한다고 한다. 혹시 한국의 보타락가(補陀落伽, Potalaka)로 믿었기 때문이 아닌지 모르겠다.

귤은 선생도 이 부처바위를 보고 검정색 옷을 입은 괴이한 모습은 틀림없이 늙수그레한 부처님 같다고 하면서 아마도 참선 공부하다가 허무하게 돌부처가 되지 않았을까 하고 의심하기까지 하였다.

개섬 아랫녘은 성섬과 궁섬이 자리하고 있다. 그 사이에는 서방바위와 각시바위(일명 처녀바위) 그리고 이들이 지녔다는 보석바위가 옹기종기 모여 있다. 성섬의 하단에는 해식에 의하여 동굴이 크게 나 있고, 궁섬은 마치 궁전과 같이 생겼다. 누가 이름을 붙였는지 잘도 붙였다.

궁섬은 해식 단구에 서식하고 있는 상록수와 함께 신비스러운 절승을 연출하고 있다. 이 아름다운 곳에다 신하들이 상제의 아들과 용왕의 딸이 거처할 왕궁을 만들고 성을 쌓았다고 한다. 분위기는 우리나라의 궁전과는 전혀 다르다. 곧추세운 돌기둥 사이사이로 창문이 나 있는데 그 사이로 위엄 있게 생긴 왕이 고개를 내밀 것 같다.

가장 아래 바닷물과 접해 있는 곳은 궁전으로 드나드는 문 같은 해식 동굴이 크게 뚫려 있는데 금새 초병이라도 튀어나올 것 같은 느낌이 드는 곳이다. 접근하기조차 오싹한 분위기인데, 종으로 내리닫는 절리 구조에 치밀하

석불바위 관음상 형상을 하고 있는 이 부처 바위는 대단한 영험을 가지고 있어서 가끔 스님들과 불자들이 찾아와 그 앞에서 선상 법회를 열기도 한다.

고 견고한 기둥에다 저렇게 경계가 심한 이 요새는 감히 누구라도 범접하지 못하리라.

조금 지나면 하늘을 향해 우뚝 솟아 있는 서방바위의 자태를 실감나게 볼 수 있다. 이 바위를 또 촛대바위 혹은 깃대바위라고도 한다.

깎아지른 절벽 위에 용감하게 하늘로 치솟아 있는 이 서방바위는 옥황상제의 아들이었다고 하니 또 용왕의 딸은 어디에 숨어서 상제의 아들을 연모하고 있는 것일까? 자손이 없는 사람은 이곳에 와서 지극 정성으로 치성을 드리면 아들까지 점지해 준다고 한다. 서방바위는 사람이 살지 않는 이 절해의 고도에서도 기자석의 구실을 톡톡히 하고 있는 신체라고나 할까?

작은 돌기둥들이 무수하게 층층이 도열하고 있는 것 같은 보물섬은 마치 고딕 양식으로 건축된 유럽의 어느 성을 연상케 한다.

그 왼쪽으로는 쌍돛대바위가 보물섬에 오르려는 듯 넘보고 있다. 보물섬에서 떨어져 나앉은 것 같은 감투바위를 지나면 보석바위가 나타난다. 옥황상제의 아들과 용왕의 딸이 패물을 넣어두었다는 이 보석바위는 도끼를 맞은 듯 중앙에 틈새가 드러나 있다. 수직 절리에 따라 벌어져 있어 안에 든 보석들이 다 바닷물로 쏟아져 버리지는 않았을까? 그것도 아니면 누가 보석을 몽땅 다 훔쳐 간 것은 아닐까? 도둑이 제발 저려서일까?

보석바위 맨 꼭대기에 겁먹은 원숭이가 화석이 된 채 지나가는 유람선을

궁전바위 우리나라의 궁전과는 전혀 다른 모습의 아름다운 이 바위는 곧추세운 돌기둥 사이사이로 창문이 나 있는데 그 사이로 위엄 있게 생긴 왕이 고개를 내밀 것 같다.

내려다보고 있다. 이 보석바위를 바라보면서 공을 드리면 부자가 된다고 한다. 백도는 인간에게 아름다움과 재물을 다 선사하는가?

하백도의 가장 남쪽 아래 십자굴을 지나고 원숭이바위를 돌아 유람선은 하백도 동쪽으로 다시 거슬러 올라간다. 신하가 하늘에서 내려올 때 가지고 왔다는 도끼바위와 꼬리섬을 지나면 낙타 모양의 바위가 나타난다.

낙타섬 동편을 올려다보면서 앞으로 나아가다 보면 자연의 신비 앞에 입이 다물어지지 않는다. '천인단애' 니 '기기묘묘' 니 하는 말이 여기서 나왔을 것이다. 만물상이 어지러운 가운데 눈이 어두운 사람도 성모마리아의 모습은 볼 수 있다. 유람선 선장에 의하면 불자들뿐만 아니라 천주를 믿는 신자들도 성모마리아를 알현하기 위하여 이곳을 찾는 일이 많아졌다고 한다.

궁섬 동쪽에서는 수직 기둥들이 즐비하게 서 있다. 아까 보았던 서방바위

서방바위

이혼바위

각시바위

사각섬
개섬
하백도
서방바위섬
성섬
십자본섬
가운데섬
십자섬

쌍돗대바위

진돗개바위

성모마리아바위

예술가바위

백도 일출 백도는 해풍과 풍랑으로 오히려 아름다움을 연출한 신비의 섬이요, 인간의 가공 따위를 거부하는 자연의 섬이다. 백도는 자연 예술의 대작임이 분명하다.

가 전혀 다른 기자석처럼 또 잠깐 나타난다. 용왕의 딸 각시바위를 찾고 있는 것 같다. 공주는 옥황상제의 노여움에도 언젠가는 만날 수 있으려니 하는 심정으로 그리 멀지 않은 곳에 위치하고 있다. 족두리를 쓰고 두 손을 모아 기도하는 모습은 서러운 표정이 역력하다. 서방과 각시의 운명적인 해후는 언제 있을는지······.

백도 유람은 날씨가 좋아야 한다. 설사 궂은 날씨라 해도 전혀 염려할 필요는 없다. 신지께가 사람들을 안전하게 거문도로 안내해 주기 때문이다. 유람 도중에 바람이 불거나 비가 오려는 기색이 있으면 어김없이, 하체는 물고기인데 상체가 여인의 모습을 한 인어가 유람선을 쫓아낸다고 한다. 유람선이 거문항으로 안전하게 입항하고 나면 반드시 바람이 불고 풍랑이 일었다

상백도 기암 백도는 가리지 않고 휘감는 파도와 바람에 할퀴고 씻기면서 저마다 독특한 형태의 바위산이 되어 버렸다.

고 한다. 거문도 사람들은 신지께를 한편으로는 두려운 존재로 한편으로는 고마운 존재로 인식했던 것이다.

백도는 가리지 않고 휘감는 파도와 바람에 할퀴고 씻기면서 저마다 독특한 형태의 바위산이 되어 버렸다. 그 바위 땅에서도 뿌리를 내리고 꽃을 피우는 풀들도 자라고 있고, 비록 왜소한 몸짓이지만 열매를 단단하게 맺는 나무들도 자란다. 새들은 바위틈에다 둥지를 틀고 원시 자연의 품안에서 저 홀로 주인인 양 부지런히 들고나면서 새끼를 키운다.

백도는 해풍과 풍랑으로 오히려 아름다움을 연출한 신비의 섬이요, 인간의 가공 따위를 거부하는 자연의 섬이다. 백도는 자연 예술의 대작임이 분명하다.

상백도 봄 운무(위), 백도의 가을 밤(아래)

백도의 여름 운무(위), 붉은 백도(아래)

삼호 8경을 찾아, 동도

거문 굴은 선생의 고향 동도

이제 동도로 가 보자. 장촌이나 거문리에서 하룻밤을 묵고 동도까지는 뱃길을 이용해야 한다. 동도는 망향산을 중심으로 초지가 발달하여 가축을 기르기에 좋다. 해안선은 해식애가 발달하여 백도에 버금가는 경관을 이루고 있다. 섬 주위에는 고급 어종이 아주 많아 낚시꾼들이 많이 몰려든다. 주민들의 인심 또한 거문도를 대표할 만큼 후하다. 널따란 경로당을 길손들에게 선뜻 내놓는다.

해가 뜨기 전 아침 일찍 망향산에 올라 보라. 잡목이 우거져 산행은 힘이 들지만, 여명의 두꺼운 껍질을 깨고 바다에서 이글거리며 솟아오른 장엄한 태양의 위대함에 심신은 오히려 숙연해질 것이다.

거문도를 점거했을 때, 영국군 대장은 이 산에 올라 자기네 왕을 향하여 "이렇게 좋은 항을 점지하여 주었다" 하며 기도를 올렸다고 한다. 일본군은 여기에 망루를 설치하고 거문도의 형편을 한눈으로 살폈다고 한다. 아직도 산 정상에는 돌로 만든 큰 방만한 크기의 단이 그대로 남아 있다.

망향산에서 내려오는 길 양 옆으로는 쑥밭이다. 농사를 짓지 않아서 쑥만 무성했기 때문인데, 이제는 오히려 동도 사람들의 효자 작물이 되었다. 이미 거문도는 약쑥으로 유명해졌다.

쑥은 아무리 거친 땅에서도 싹을 왕성하게 틔운다. 이른 봄에 나오는 어린잎으로 국을 끓이거나 잎을 짓이겨 멥쌀가루 속에 넣고 녹색이 나도록 반죽하여 쑥떡이나 쑥버물을 만들어 먹기도 한다. 쑥은 지혈이나 진통에도 좋고 여성들의 불순한 생리에도 좋다고 알려져 있다. 또한, 민간에서는 날 잎을 베인 상처·타박상, 복통·백선 등에 바르거나 달여 먹는다.

요즘은 비타민과 칼슘이 풍부할 뿐만 아니라 위장에도 좋다 해서 건강 음

거문도 일출 해가 뜨기 전 아침 일찍 망향산에 오르면 여명의 두꺼운 껍질을 깨고 바다에서 이글거리며 솟아오른 장엄한 태양의 위대함에 심신은 오히려 숙연해질 것이다.

식으로도 각광받고 있는 쑥은 쑥차나 쑥술 그리고 쑥즙으로도 개발되었다. 그래서 해풍을 맞은 거문도의 약쑥은 어지간한 사람은 맛을 볼 수 없을 정도로 이제는 귀한 상품이 되었다.

죽림야우 죽촌마을

길을 따라 곧바로 내려오면 죽촌이다. 마을 앞 치끝에서 고도까지는 1.7 킬로미터, 대나무가 많아 대촌 또는 대추라고도 부른다. 『여산지(廬山志)』에 는 죽전(竹田)이라고 소개되었다.

행여 이른 아침 이 마을을 지나면서 가랑비라도 만나는 날에는 귤은 선생 의 「죽림야우(竹林夜雨)」가 생각날 것이다.

뜰 앞엔 푸른 숲이 빽빽히 들어서 있는데	滿庭森翠響林林
밤새도록 빗소리는 내 마음을 뒤흔들어	竟夜銀玲攪我心
저 죽림칠현이 어렴풋이 생각나니	晉代群賢遲入想
혜강의 거문고 소리인 듯, 완함의 휘파람 소리인 듯	嵇琴阮嘯有餘音

죽림칠현은 중국의 후한 말에서 위나라를 거쳐 서진에 이르는 사이, 자연 을 벗삼고 자유로운 생활을 구가했던 완적(阮籍), 혜강(嵇康), 산도(山濤), 향수(向秀), 유령(劉伶), 완함(阮咸), 왕융(王戎) 등을 일컫는다.

이들은 주로 대나무 숲에서 모여 기분 내키는 대로 술을 마시며 어울리면 서 세속적인 것에서 벗어나 깨끗하고 수준 높은 담화를 즐겼다. 이른바 도덕 수양에 힘쓰고 나아가 천하를 평안케 해야 한다는 유교적 가치관과는 거리 가 멀었고, 현실을 도피하여 숨어 사는 은자로서의 길을 선택했다.

말하자면, 이들은 정치적, 사회적 혼란의 시기에 자연과 은일이라는 생활 방식을 택한 것이다. 귤은 선생은 죽촌에 내리는 밤비 소리를 듣고 바로 이 들의 처신을 생각해낸 것이다. 흔히, 대나무의 곧고 푸른 기질은 선비에 비 유된다. 그래서 이름 있는 선비들은 모두 대나무 예찬론자들이다. 강릉 오죽

서도에서 본 망치산　1885년 영국군은 거문도를 무단 점령하여 2년간 주둔하였다. 저 멀리 보이는 망치산 정상에 영국기를 게양하고 관측소를 설치하였다. 그때 귤은 선생은 그들의 감탄을 자아낼 정도의 학식을 드러내었다.

헌에 검은대나무를 심은 율곡 이이가 그렇고, 도산서원 개울가에 대나무 등 사군자를 심고 절우사(節友四)라 했던 퇴계 이황도 그랬다. 소쇄 양산보도가 대나무를 심어 조성해 놓은 담양 무등산 기슭의 소쇄원은 당대 문장가들의 출입이 끊이지 않은 곳이다. 또, 고산 윤선도는 보길도에서 「오우가」를 읊었고, 탄은 이정, 표암 강세황 등도 대나무 그림을 남긴 당대 화단의 큰선비들이다. 모두 대나무의 고고한 기질을 본받고자 하는 의도에서 대나무를 직접 가꾸고, 글을 짓고, 그림을 그렸다.

　귤은 선생 역시 적어도 지나치게 함몰해 버리지는 않았을지라도 벼슬이나 재물을 탐하지 않은 진정한 자연주의자요 낭만주의자였던 것이 분명하다. 죽림야우의 시가 이를 그럴듯하게 해명해 주고 있다.

유자 향기 묻어 있는 유촌마을

유촌은 황금 같은 유자가 삼호(거문도 내해) 물가에 어릴 정도로 많아 유정리라 불리다, 1914년 여수군에 이관되면서 유촌리라 불리게 되었다고 한다. 지금은 유자 향기만 묻어 있을 뿐, 유자의 흔적조차 찾아보기 힘들다.

이 마을에는 식민지 시대 거문도 사람들에게 민족 정신을 고취시킨 거문도의 정신적 지주 귤은 선생의 숨결이 아직까지 남아 있고, 영국군의 거문도 무단 점거가 끝나고 거문도의 중요성을 인식한 조선 정부가 세운 군사 기지 거문진의 초석 등도 남아 있다.

귤정추월(橘亭秋月), 귤은당

유촌 선착장에서 교회를 지나 언덕배기를 조금 오르면 귤은 선생의 사당 귤은당이 있다. 예전에는 계수나무며 귤나무가 무성했던 것 같다. 그래서 귤은 선생은 첫 번째 경치인 「귤정추월(橘亭秋月)」을 노래했던 것이다.

귤정엔 비 개이고 계수나무는 가을인데	橘南晴天桂子秋
달 밝은 누대에서 밤을 즐기네.	風流每御月明樓
누대 머리 온갖 나무는 황금색인데	樓頭千樹黃金色
그 빛 물에 비춰 절승을 연출하네.	躍在江湖第一洲

달 밝은 가을밤에 삼호에 어리 비친 자신의 누정과 주위의 단풍이 든 나무들, 이보다 더 아름다운 동양화가 있겠는가?

지금은 찾는 이들의 발길이 뜸한 귤은 사당은 선생의 학덕을 기리기 위해 박규석 등 그의 제자들이 1904년에 세웠다. 현판은 노사(盧沙) 기정진의 후

귤은사당 유촌 선착장
에서 교회를 지나 언덕
배기를 조금 오르면 귤
은 선생의 사당 귤은당
이 있다. 이곳은 당시에
계수나무며 귤나무가
무성했던 것 같다. 귤은
사당의 현판은 기우몽
이 썼다고 한다.

손인 기우몽(寄宇蒙)이 썼고, 당기는 1904년 사신으로 일본에 가던 중 풍랑
으로 여기에 잠시 머물렀던 이지용이 썼다. 이후 낡아 허물어지자 다시 마을
사람들이 중심이 되어 장촌의 서산사처럼 목재를 위장한 시멘트로 다시 세
웠다. 예를 갖추고 들라는 뜻의 필식문(必式門)을 들어서면 좌측에는 이 마
을 김경인 씨 등이 선생의 업적을 기록한 비석이 놓여 있다.

　귤은당을 들어서면 거문사(巨文祠)라 현판을 단 본당이 있다. 이곳에는
귤은을 비롯하여 그의 스승 노사 기정진과 제자 귤당 박규석의 위패를 함께
모셨다. 또, 귤은과 귤당의 귀한 유물들이 보존되어 있다.

　다시 한 번 칭송하자면, 귤은 선생은 거문도가 낳은 큰선비이다. 성리학

에 매우 밝았던 선생은 절해의 고도에서 후학들을 가르치고 유학을 일으키는 데 크게 기여하였다. 또, 일본·영국·러시아 사람들의 거문도 침략에 적극적으로 반기를 들었던 인물이기도 하다. 그런 인물의 사당치고는 100여 평도 안 되는 대지에 건평 4평의 사주정자형(四柱亭子形) 기와집에 낮은 담장은 어쩐지 홀대받고 있다는 생각이 든다.

역사의 흔적, 거문진 터

거문진 터는 귤은 사당에서 멀지 않은 곳에 있다. 이곳은 당시에는 객사를 비롯하여 수십 채의 건물들이 10여 년 동안이나 들어섰던 자리이나 지금은 쑥대밭으로 변해 버렸다. 다만, 밭 가운데 주춧돌 몇 개만 남아 있고, 기와

파도 주춧돌 몇 개만 남아 있고, 기와들은 산산조각이 난 채 밭두둑에 아무렇게나 나뒹굴고 있는 거문진 터를 바라보노라면 지나간 풍운의 역사가 실감이 난다. 120년 전 그때도 이렇게 파도가 몰아쳤으리라.

유정목 분재보다 더 자연스럽고 아름답게 자란 이 나무를 마을 사람들은 유정목이라고 부르며 매년 섣달 그믐날에는 마을의 안녕과 풍어를 비는 당제를 올린다.

들은 산산조각이 난 채 밭두둑에 아무렇게나 나뒹굴고 있다. 지나간 풍운의 역사를 실감나게 볼 수 있는 현장이다.

거문도 풍운의 역사와 자연 비경의 현장을 구석구석 다 살피고 나면 피곤함이 몰려온다. 나른하고 피곤한 몸을 유촌 마을 사무소 앞 팽나무 아래에 맡겨 보라. 수령조차도 가늠하기 어려운 이 당산나무는 위대한 신의 손이 빚은 듯 하나의 큰 예술품으로 탄생했다.

마을의 당산나무로 오랫동안 그 자리를 지켜온 이 거목은 한 4미터까지는 한 줄기로 자라다 한꺼번에 매끄러운 나뭇가지들이 뻗다가 오므라들고 오므라들었다가 다시 뻗어 분재보다 더 자연스럽고 아름답게 컸다.

마을 사람들은 이 나무를 유정목(柚亭木)이라고 부르며 매년 섣달 그믐날에는 마을의 안녕과 풍어를 비는 당제를 올린다고 한다. 그래서인지 신성한 느낌까지 드는 이 노인나무 아래에 잠시 쉬다 보면 마을 사람들의 인심이 묻어 있는 술상까지 나온다. 피곤함도 금방 가신다.

거문도 운무

세월이 빚은 해상 진경
·바닷속 환상 세계

거문도 여행의 백미 뱃길 기행

서도와 동도를 끼고 밖으로 돌고 나서 백도를 돌아오는 뱃길 기행은 거문도 기행의 덤이 아니라 백미이다. 특히, 사투리와 고유어가 생생하게 살아 있는 지명 이름이 재미를 더한다. 정기적으로 운항하는 유람선은 없어도, 고맙게도 10여 명만 모이면 47인승 유람선을 이용할 수가 있다. 여객선 터미널에서 유람선을 타고 삼호교 밑을 지나 유림 해수욕장을 바라보며 수월산 해안으로 돌아든다. 수월산 선착장에서 동남쪽 물이 많은 무진개 끝에 이르면 밀물 때는 바닷속으로 잠깐 숨어버리는 멍실여가 있다. 조금 아래로는 해산물이 오지게 많다는 오진여이다.

옛날 마을 처녀가 이곳에서 해산물을 채취하기 위하여 이 여에 들었다가 물이 들어 빠져나오지 못하고 그만 사고를 당하고 말았다고 한다. 지금도 비가 오고 바람이 불면 그 여인의 슬픈 울음소리가 들린다고 한다. 그 위로 절벽에는 고릴라 머리를 한 바위가 나타났다가 배가 조금 지나면 잘생긴 사내 녀석이 멋들어지게 한 가락 뽑고 있는 형상으로 바뀐다.

한 마리 곰이 바다를 내려다보고 있는 형상 바로 옆에는 코가 큰 남자의 목을 가녀린 여자가 껴안은 형상을 하고 있다. 결혼바위라고 하는데, 그 아래로는 샘이 나서인지 한 마리의 거북이가 목을 길게 뻗고 절벽으로 기어오르고 있는 형상을 한 바위가 있다.

옛날, 충세라는 사람이 낚시를 하다 빠져죽었다는 충세이 끝과 줄여(야느리)를 지나면서 벼랑을 올려다보면 아스라이 거문도 등대가 된비알(매우 험한 비탈) 위에 위태롭게 얹혀 있다. 서늘해진 간담과 넘실거리는 너울 때문에 도저히 오래도록 올려다볼 수 없다.

등대를 올려놓은 벼랑 아래에는 통문이 나 있다. 제주사람들이 고기잡이

백도 유람선 서도와 동도를 끼고 밖으로 돌고 나서 백도를 돌아오는 뱃길 기행은 거문도 기행의 덤이 아니라 백미이다. 여객선 터미널에서 유람선을 타고 삼호교 밑을 지나 유림 해수욕장을 바라보며 수월산 해안으로 돌아든다.

를 왔다가 그만 배가 뒤집히는 바람에 몰사했다는 제주놈통이다. 아무리 작은 배라도 이 문을 빠져나가기란 쉽지 않다.

군자는 정문을 이용한다던? 어차피 등대 쪽은 뒷문이니 굳이 그 문으로 들어갈 수 있겠는가? 섬의 최남단으로 돌아들자 너설(바위나 돌 따위가 삐쪽삐쪽 나온 험한 곳)이 결구배추(여러 겹의 잎으로 싸여 속이 차 있는 배추)들이 포개져 있는 것처럼 질서 정연하게 쌓여 있다. 이 배추바위(배추바, 배치바, 배치암) 위로는 아이가 업혀 있는 형상을 하고 있는 바위가 있다. 제주도 사람들이 업고 왔던 아이일까?

이 업데이 조금 지난 꼭대기는 또 사람 코 모양의 바위가 얹혀 있고, 그 아래로는 동굴이 나 있다. 송순이빠진굴이다. 이 굴에서 안타깝게도 옛날 등대 직원이었던 김송순 씨가 낚시를 하다 빠져 그만 불귀의 객이 되었다고 하는

서도 단층벽 벼락을 맞은 듯 바위들이 조각조각 금이 나 있는 절벽은 무수한 세월을 안은 듯 위용을 자랑한다.

데, 아마 지금도 그 넋은 이 해안가에서 온갖 선박들의 지킴이로 살아가고 있을 것이다.

아기자기한 통문을 지나고 큰끝을 돌아들면 평평한 바위들이 나타나더니 금세 우뚝 선 바위가 나타난다. 무넹이에서 보았던 선바위가 남성스럽게 버티고 있는 것이다. 그 모퉁이를 돌아들면 사타구니 모양의 움푹 들어간 통이 있다. 마치 여성의 그것처럼 생겼는데, 저들이 저렇게 가까이에서 무엇을 하고 있는 것일까? 는실난실 하는 꼴을 보기가 민망해서 다시 고개를 돌리니 또 하나의 굴이 나타난다.

덕촌 사람들이 이 굴 안에 고기가 많은 것을 보고는 그물을 던져 고기를 잡아 올려 팔았더니 고기 값이 삼백 냥이나 되었다고 한다. 그래서 이 굴을 삼백냥굴이라고 한다는데, 과연 고기가 은신하기 좋은 곳일 것 같다. 모험심 때문인가? 한번 들어가 보고 싶은 충동이 금세 인다.

보로봉을 올려다 보며 앞으로 나가면 또 하나의 자연이 빚어 놓은 예술 작품에 경탄할 수밖에 없다. 이곳에서의 신선바위는 천혜의 조각품이다. 귤은 선생도 이곳을 배를 타고 지났을까? 신선바위를 읊은 시 한 수 읊고 가자.

큰 바위가 바다를 덮칠런가
천 척이나 높은 기세 볼수록 기특하네.
파도가 깊어 가는 달 밝은 밤마다
아리따운 아가씨가 구름 타고 내려 오나봐.

이곳을 조금 지나자 기와집몰랑이 보인다. 참으로 기이하게도 그야말로 대궐 같은 기와집 지붕을 꼭 빼닮았다. 집채만한 산이 아니라 산만한 기와집이다. 그 기이함에 잠시도 눈을 뗄 수가 없다.

그저 용머리를 밟았을 때는 그런 느낌만 받았는데 바다에서 바라본 기와집 지붕 형상은 장엄한 궁전을 대한 듯하다. 내림마루는 된물매(지붕이나 비탈길의 경사진 정도가 심한 것)로 내리닫고, 양쪽 끝에는 취두까지 분명하다. 옛날 지방관의 허락을 받은 괜찮은 사람들만 기와로 지붕을 얹을 수 있었는데, 이 기와집몰랑은 누구의 허락을 받고 대궐과 같은 이런 지붕을 이었을까? 그 아래에는 온갖 형태의 바위들이 즐비하다.

벼락을 맞은 듯 바위들이 조각조각 금이 나 있고, 일본사람이 이름 붙였을 것으로 추정되는 묵석 같은 검은 구로바위(검은데미)는 아직도 검은 얼굴을 다 못 씻어 바닷물에 씻기고 있다. 홍어 머리 같은 추 끝에는 흔들바위와 소쿠리궁뎅이바위가 바람을 맞는다. 아예 신선바위는 서 있는 게 아니라 하늘을 향해 공중을 날고 있는 듯하다.

덕촌 불탄봉 아래, 움푹 들어간 개빠진통 주위에는 고래가 많다고 한다.

그래서 고라짐('고래+기미'가 변한 말)이라 하는데, 뭍에서 떨어져 나온 우무여, 큰 구멍이 나 있는 구멍섬, 둥글게 생긴 큰섬(大圓島)과 작은섬(小圓島) 사이를 지나 신추 앞에 이르면 연지빠진굴이 나온다.

나쁜 계모가 연지라는 의붓딸을 절벽 아래로 떠밀어 죽였다나? 그녀의 원혼이 아직도 남아 있는 듯이 회오리치는 물살이 배를 삼킬 듯이 덤벼드는데 등골이 오싹해지는 느낌이 든다. 그런 연유에서인가? 신추나 지풍개(심포)에는 이제 사람들이 다 흩어지고 없다.

조금 밖으로 튀어나온 솔곶을 지나고 귀트롱웃물통을 지나면 우수빠진굴이다. 여기에도 옛날 변촌 우수라는 사람이 빠졌다고 한다. 그 옆으로 큰 선바위가 있고, 그 위로는 대문처럼 생긴 문바위가 있다 그 사이는 장개통이다. 문바위를 지나 고래를 타고 백도를 왕래하였다는 고래딱지와 재립여 중간 지점에는 용물통이 있다. 거문도 어디라도 지는 해의 장관을 볼 수 없으리요만, 특히 이곳에서의 낙조는 장관을 넘어 환상의 세계이다.

계속해서 해안을 따라 북으로 향하면 가파른 낭떠러지가 간짓대(장대) 같은데, 서도리 마을 북서단 재립여로 이어지는 해안선이 길게 뻗은 진끝 동쪽에는 까막굴이 있다.

이곳 주위에서는 옛날부터 큰 방어가 많이 잡혔다고 한다. 방어는 농어목 전갱이과에 속하는 바닷물고기로 거문도 사람들은 이를 재립이라고 한다. 생긴 것이나 크기로 보아 그 맛이 일품일 것 같은데 그게 아니라나?

뭍 쪽은 마치 여성의 그것처럼 닮은 계곡이 나 있다. 옥녀솔이다. 솔은 산자락이 가늘게 끝나는 지점에 붙는 우리말이다. 그러니 이곳은 아름다운 옥녀가 뱃사람들의 호기심을 자극하는 곳인가?

재립여와 옥녀솔 사이를 빠져 맥문동이 많이 서식하는 언덕배기 모락달(달은 언덕이나 작은 산을 이르는 옛말)을 지나면 또 하나의 통이 나타난다. 이 통에서도 창순이가 빠져 죽었다고 한다.

백도에서 본 석양 어디라도 지는 해의 장관을 볼 수 없으리요만, 여행지에서 맞이하는 낙조는 또 다른 환상의 세계로 인도한다.

이곳을 조금 지나면 목너메가 나오고 파도가 치면 물이 솟구쳐서 고래가 물을 품는 것처럼 보여 고래물품은더라는 곳을 지난다. 장촌 북서단 해안 끝으로 사람 코 모양으로 생긴 코바위를 정점으로 다시 남으로 들면 작은이애, 큰이애가 차례로 나타난다. 엄나무 끝을 조금 더 지나면 뭍을 향해 신지께여가 출렁인다.

거문도 해안에는 누가 누가 빠졌다는 굴이 몇 군데 있다. 오수전이 발견된 이끼미 해안에도 선도빠진굴이 있다. 선도는 누구인지, 어떻게 해서 이곳에서 고기밥이 되었는지는 알 수가 없으나, 이끼미 해안은 내륙의 호수처럼 잔잔하고 모래 해변이어서 여름철에는 해수욕장으로 이용되고 있다.

마을의 서쪽 해안에 있는 마당처럼 평평한 마당여 위로 넓은 잔디밭이 펼쳐져 있다. 녹산이다. 녹산 북쪽 끝에는 녹산곶 등대가 뭍에서 오는 손님들을 가장 먼저 맞는다.

등대 아래로는 박쥐가 많이 사는 뽈쥐구덕, 물동이처럼 생긴 동우구먹, 진추굴이 있고 그 앞에는 파도가 치면 바위 위로 몰(해초)이 많이 밀려온다는 몰둥바위와 선바위가 물에 떠 있다.

보통 거문도 사람들은 산자락이 뭉툭하게 끝나는 지점이나 절벽 등을 추라고 말한다. 추 너머에는 아주 작은 여가 있다. 그 아래로 배가 들어서면 배를 삼킬 듯이 돌팽이처럼 회돌이를 쳤다고 하나 지금은 추 너머 짝지부터 방파제가 50미터쯤 동도를 향해 뻗어 있다.

동도와 서도의 섬 사이가 좁아서 바닷물의 조류가 소용돌이를 치는 곳으로 자칫 한눈이라도 파는 날에는 배가 흔들려 자빠질 수 있었지만, 지금은 그런 염려는 안 해도 된다. 해안가로는 돌비알이고 산몰랑은 평퍼짐하다.

서도와 동도 사이의 좁은 바다. 물살이 빨라 소용돌이치는 돌팽이를 지나 동도 산자락이 도톰하게 끝나는 지점에 닿는다. 취애이다. 마당처럼 넓은 여를 지나면 자잘한 여들이 납작하게, 밭처럼 평퍼짐하게 물에 떠 출렁인다.

해안선이 쇠스랑 모양으로 들쭉날쭉하여 불려진 이 해안선을 따라 동도 동쪽으로 돌아든다. 비교적 깊숙하게 들어서는데, 좁고 긴 외밭다랭이 아래로 고래가 많이 살고 있어 이곳도 고라짐이라 한다. 이 해안 밖으로는 데린여(월음도), 장롱처럼 생긴 농여 등이 있고, 안쪽에는 초랭이굴이 있다. 거문도 사람들의 말로 초랭이는 오소리이다. 낭 끝 부근에 있는 칼등 모양의 바위를 지나 배가 닻을 내리고 쉰다는 배신개가 있다. 별스런 지명이 다 있다.

유촌 마을 북동쪽, 낭 끝 서쪽에 있는 작은 여는 해산물이 많이 잡혀서 아끼는 여라는 뜻의 애낀여이다. 낭 끝을 돌아들자 해안선이 마치 사람 코 모양인데, 그 곁에는 벼락을 맞은 듯 바위 하나가 못쓰게 생겼다. 이곳 가까이에서는 참소라인 꾸적과 고래가 많이 잡힌다고 한다.

해안선이 길게 뻗은 장치 끝을 지나면 망향산 바로 아래 개안통이 있다.

칼등처럼 생긴 바위는 망향산까지 이어진 모양이 말 등을 닮았는데, 그 아래 꼬랑에는 기성이란 사람이 떨어져 죽었다고 한다.

뱃머리를 동으로 돌려 보면 삼부도가 눈에 들어온다. 삼부도는 위쪽에 대삼부도, 아래쪽에 소삼부도 둘로 나뉘는데, 동도에서 소삼부도는 약 3킬로미터 정도, 대삼부도는 약 7킬로미터 정도 떨어진 곳에 위치해 있다.

대삼부도는 북쪽 끝머리의 노루섬, 동쪽 끝인 구멍섬, 남쪽의 무구여 등을 포함하고, 소삼부도는 검등여, 보찰여, 노랑삼부도를 함께 이른다. 이곳은 낚시꾼들이 즐겨 찾는 곳이지만, 대삼부도 동쪽 끝에 바위와 바위 사이에 구멍이 둘이나 나 있는 쌍굴은 한번쯤은 가 볼 만한 괜찮은 곳이기도 하다.

산자락이 좁고 길게 뻗어 내린 모양을 하고 있는 다랭이 옆에는 코고는 소리처럼 들렸다는 '코분굴'을 비롯하여 안쪽으로 들면 매굴, 기애비굴, 돈데이굴, 다실네굴, 초랭이굴이 저마다 야릇한 이야기를 간직한 채 해안선을 형성하고 있다. 특히, 죽촌 마을 남쪽 넙데이 아래 해안에 있었던 초랭이굴은 해안 절벽을 채석장으로 이용하여 지금은 없어졌으나 오소리 등의 방정맞은 동물이 많았다고 한다.

이 굴은 우는 굴이라고도 하는데, 바다 동굴이 망치산과 대석산 중간 해안에 있어 오랜 옛날 이 동굴 앞에서 어장을 하던 어선이 갑자기 불어오는 바람과 풍랑으로 인하여 이 굴 속으로 휘말려 들어간 후 영영 돌아오지 못했다고 한다. 이후 날씨가 궂어지려 할 때면 이 굴 속에서 사람들의 울음소리와 꽹과리, 북, 장구 소리가 들리기도 하여 초랭이굴이라고 불리고 있다.

또, 고래 모양의 여ㆍ넓은 여ㆍ장롱처럼 생긴 여ㆍ마당처럼 평평한 여ㆍ어떤 것은 말 등처럼 생기고, 어떤 것은 송곳처럼 생긴 작은 섬과 여들이 뭍에 오르기를 갈망하면서 바다에 떠 출렁이고 있다.

삽부도 쌍굴

해상 스포츠의 낙원

거문도와 백도는 이곳 사람들에게 생존의 섬이요 양식의 섬이다. 그러나 육지 사람들에게는 매력 있는 관광지일 뿐만 아니라 해상 레포츠를 즐기는 사람들의 환상적인 수중 무대가 되기도 한다. 특히, 아름다운 수중 세계를 즐기고 짜릿한 손맛에 감동하는 스킨 스쿠버 다이버들이나 낚시꾼들이 해마다 늘고 있다.

바닷속 환상적인 세계, 서도

서도에는 다이빙을 전문으로 안내하는 거문도리조트까지 문을 열었다. 다이빙을 원하는 사람은 장비가 없어도 이곳에서 장비를 빌려 환상적인 수중 세계를 여행할 수 있다.

거문도 다이빙은 사철이 가능하나 아무래도 6월부터 11월까지가 가장 좋다. 우선 수온이 높아 신체에 무리가 없다. 또, 이때가 바다가 가장 투명하고, 회유하는 어종들이 많아 다양한 수중 세계를 접할 수 있다. 거문도와 백도에는 약 30여 개에 달하는 다이빙 포인트가 있다. 거문도는 주로 서도와 동도 북부 해안 지역에 많이 분포하고 있으며, 백도는 상백도와 하백도 주위가 다 적지이다.

서도는 솔곶이 · 장개통 · 용냉이 · 재립여 · 코바위 · 이끼미 일대가 입수하기에 좋다. 이곳은 거의 20분 정도면 갈 수 있는 가까운 거리에 있고, 수심이 10~30미터 정도로 그리 깊지 않으며, 뭍이 바로 곁에 있다. 그래서 편안하게 다이빙을 즐길 수 있는 곳이다.

솔곶이 주위에서는 깃대돔 · 파랑돔 · 나비고기 · 철갑둥어 등의 열대어도 보이며, 얕은 수심인데도 돌돔 · 벵에돔 · 감성돔 등의 대형 어류도 만날 수 있다. 자리돔 떼와 놀고 있는 방어무리들을 만나는 것도 재미를 더한다.

　해송군락도 볼 수 있다. 해송(海松)은 검정뿔산호라고도 하는 강장동물로, 주로 암초에 착생하면서 한 줄기에서 비스듬히 위를 향하여 평면 위에 퍼진 깃 모양의 가지가 많이 나와 50미터 안팎의 군체(群體)를 이룬다. 파이프나 허리띠 등 세공품으로 가공되기 때문에 몰상식한 사람들에 의하여 수난을 당하는 경우도 있다. 그러나 거문도 일대에서는 거의 원형 상태로 군락을 이루며 서식하고 있다.

　장개통 일대는 다이내믹하고 웅장한 육상의 지형이 수중에서도 그대로 펼쳐진다. 수심 22미터 정도 들어가면 역시 해송이 조류에 한들거리고 있는

스킨 스쿠버 다이버들　아름다운 수중 세계를 즐기고 짜릿한 손맛에 감동하는 스킨 스쿠버 다이버들과 낚시꾼들이 해마다 늘고 있다.

데, 그 주위를 크고 작은 고기들의 유영하는 장관이 그대로 펼쳐진다.

낙조가 유명한 용냉이 부근은 깎아지른 절벽과 절리 현상에 의한 크랙이 수중에서도 잘 발달해 있다. 그 절벽이나 수중 바위에 붙어 있는 해송과 부채산호를 볼 수 있으며, 그 사이를 돌돔, 감성돔, 방어 등이 자유롭게 유영한다. 바닷물이 맑고 햇빛이 잘 드는 암초 위에서 고착 생활을 하는 산호도 해송과 함께 거문도와 백도 일대의 수심이 보통 10미터 안팎의 지역에서 발견된다.

산호는 염주 · 가락지 · 목걸이 · 브로치 · 커프스 버튼 · 귀고리 · 넥타이 핀 등으로 가공하거나 심신에 대단히 효과가 좋은 약으로도 쓰이며, 관상용으로도 인기가 높다. 그래서 사람들의 손을 타기 일쑤인데, 거문도와 백도 일대는 아직 원형대로 잘 보존되어 있다.

용냉이에서 조금 북으로 올라가면 재립여다. 이곳에서도 무척 센 조류를 거슬러 올라가며 먹이 사냥에 나선 방어와 참돔 · 가자미 · 광어 · 양태 · 놀래기 등을 감상할 수 있다. 또, 이끼미 해안에서는 검은색 조개며 갯지렁이, 커다란 예쁜 말미잘, 현지 사람들이 '드그' 라고 부르는 작은 뿔산호도 서식하고 있다.

거문도는 또 국내 유일의 해마 서식지로 알려지면서 소문을 듣고 찾아온 스쿠버 다이버들이 가끔 찾는다. 칠흑 같은 바다를 둥둥 떠다니며 플래시로 해마를 관찰하는 모습은 야경을 구경 나온 관광객들에게 색다른 볼거리이다. 해마는 참 편리하게 생긴 해양 생물이다. 말 머리처럼 생긴 이놈은 길이가 10센티미터 정도 되며, 등지느러미로 헤엄을 친다. 주위 환경에 따라 몸의 색깔도 바꾼다. 해초에 꼬리를 둘둘 말고 있다가 한 눈은 먹이를 쳐다보면서 다른 눈은 주변의 적을 감시한다. 몸은 꼬리로 지탱한다.

또, 해마는 암수의 애정이 매우 특별한 동물이다. 임신은 수컷이 하며, 한 번 짝을 지으면 일부일처의 전통을 유지하면서 이혼하는 일도 바람 피우는 일도 없다. 어떤 해마는 아침 인사를 한 다음에 꼬리를 서로 감아쥐고 해초 숲 속에서 춤을 춘다고 한다. 그러나 불행하게도 해마의 기묘한 모습은 점차 사라져 가고 있다. 인간들이 때로는 의약품으로, 때로는 박제로, 때로는 수족관 관상용으로 잡아가고 있기 때문이다.

다이버들은 수중 세계를 여행하는 다이빙이 가장 좋은 레포츠라고 말하

서도에서 다이빙하기 좋은 곳

산호 동도는 간여, 배심포 일대의 바닷속이 아주 장관이다. 동도 입구에 있는 간여의 수중은 직벽을 이루거나 계단식으로 되어 있고, 조류는 매우 강하다. 주위에는 소라가 지천이고, 한 뼘이 넘는 대형 홍합들도 온 바다에 널려 있다. 또 큰 부채산호도 자라고 있고, 해송은 아예 군락을 이루고 있다.

는 데 주저하지 않는다. 수중 세계를 한 번이라도 들여다본 사람들은 또 가고 싶어 한다. 그래서 거문도와 백도 일대는 다이버들이 증가하고 있으며, 이를 안내하고 기초 교육을 담당하는 다이빙 숍도 늘고 있는 추세에 있다.

바닷속 신천지, 동도

　동도는 간여, 배심포 일대의 바닷속이 아주 장관이다. 동도 입구에 있는 간여의 수중은 직벽을 이루거나 계단식으로 되어 있고, 조류는 매우 강하다. 모험을 즐길 줄 아는 다이버들에게 적지이다. 간여에서 조금만 더 동쪽으로 돌아가면 배심포가 나온다. 이곳 수중은 역시 깎아지른 절벽과 수많은 동굴들이 아름다운 경관을 이루고 있다.

동도에서 다이빙하기 좋은 곳

주위에는 주먹 두 개를 합쳐 놓은 크기의 소라가 지천이고, 한 뼘이 넘는 대형 홍합들도 온 바다에 널려 있다. 또, 제법 큰 부채산호도 자라고 있고, 해송은 아예 군락을 이루고 있다.

그 사이를 수만 마리의 치어 떼와 엄청난 무리들의 자리돔 떼, 70센티미터가 넘는 돌돔 떼와 방어들, 조는 듯 조용하게 노는 쥐치 무리들이 한가로이 유영을 한다. 수많은 멸치 떼들은 은빛을 발하며 환상적인 모습으로 춤을 춘다. 수중은 신천지나 다름없다.

흘러다니는 수중 보석, 백도

어디 뭍만이겠는가? 거문도로부터 불과 28킬로미터 정도밖에 떨어지지 않은 백도는 수중 세계를 즐기려는 다이버들의 호감 지역이다. 백도 주위는 바닥이 훤히 들여다보일 정도로 뛰어난 시야를 자랑한다. 거기다가 형형색색의 아름다운 수중 생물들이 천국을 이루고 있다. 그래서 다이버들이 즐겨 찾는 곳이다.

거문도와 백도에서 다이빙을 체험한 다이버들은 한결같이 투명한 시야와 풍부한 어종 그리고 화려한 수중 경관을 기억한다. 바다 위로 올라와 있는 지형처럼 백도는 수중도 깎아지른 절벽들과 기암 괴석이 그대로 이어져 있다.

쿠로시오 해류는 항상 깨끗하게 동으로 서로 흐르고 있으며, 높은 수온에 눈이 시원하도록 맑은 물은 언제나 다이버의 기분을 들뜨게 만든다. 더구나 과연 이토록 아름다운 경치를 어디에서 볼 수 있을 것인가 하는 생각이 절로 들게 만드는 백도의 절경은 외딴 섬을 찾는 다이버가 아니라면 경험할 수 없는 세계이다.

상백도는 병풍바위, 물개바위, 병풍섬, 등대섬, 노적바위 일대가 더 좋다. 병풍바위 일대에서는 수심 6~14미터 물속에 잠긴 커다란 바위틈 사이로 무

수중 천국 백도 주위는 바닥이 훤히 들여다보일 정도로 뛰어난 시야를 자랑한다. 거기다가 형형 색색의 아름다운 수중 생물들이 천국을 이루고 있다. 그래서 다이버들이 즐겨 찾는 곳이다. (위 왼쪽, 오른쪽)

백도에서 다이빙하기 좋은 곳(왼쪽)

리를 지어 다니는 돌돔을 볼 수 있다. 물개바위 부근은 커다란 절벽이 물 속에 잠겨 있는데, 그 아래로는 제법 널찍한 자갈 마당이 있다. 절벽에 붙어 있는 부채산호와 연산호 사이를 방어·흑돔·벵에돔 등이 사람도 무서워하지 않은 채 한가로이 헤엄을 친다.

또, 병풍섬 주위의 수중도 각종 산호와 해조류가 서식하고 있는 절벽과 절벽 사이를 볼락과 돌돔들이 돌아다닌다. 동풍이 불면 호수처럼 잔잔한 등대섬 동편 수중에서는 커다란 바닷가재도 볼 수 있고, 노적바위 일대는 무너져 내린 커다란 바위들이 수북하게 쌓여 있는 사이를 대형 흑돔·돌돔·농어·광어 등이 느릿느릿 헤엄을 쳐 다닌다.

하백도는 서방바위, 보석바위, 의자바위 일대가 장관이다. 서방바위 수중 아래에는 큰 동굴이 나 있고, 여기에 고착한 해조류들이 한들거린다. 그 사이를 돌돔·흑돔·뱅에돔·대형 붕장어가 돌아다닌다. 보석바위 주위는 연산호, 부채산호 군락지이다. 의자바위 아래로는 다이버가 통과할 수 있을 정도의 통로가 나 있는데, 그 길로 뱅에돔 무리와 문어가 지나다닌다.

손맛을 당기는, 바다낚시

거문도 근해는 돔을 비롯한 고급 어종들의 천국이다. 이놈들은 깨끗한 물과 풍성한 먹이 거기다가 알맞은 수온과 해류 때문에 크기도 크거니와 살이 통통 쪄 있고 힘도 세다. 그래서 거문도는 관광도 하고 짜릿한 손맛을 보려는 낚시 마니아들로 늘 북적인다. 그 덕에 낚싯배들도 항상 호황이다. 또, 거문도는 여관이나 민박도 잘 정비되어 있고, 낚시 가게도 많아서 최적의 출조 지역으로 꼽힌다.

낚시는 물때, 조류, 계절, 어류들의 습성 등의 요인에 의하여 손맛의 성패가 달려 있다고 한다. 이를 분석하여 포인트를 찾는 것은 낚시의 기본 상식이겠으나, 거문도는 어디나 다 낚시 포인트이다.

어종도 다양해서 계절에 관계없이 잘 잡는다. 그러나 큰 고기를 잡으려면 아무래도 갯바위 낚시가 가능한 서도 서편 해안이나 동도 동편 해안을 선택하는 것이 좋다. 영등철에는 서도 남쪽 포인트들이 무척 사랑을 받는다. 삼백냥굴·배치바위·선바위·소원도·구로바 등은 하루도 비어 있는 날이 없을 정도로 인기가 높다. 또, 동도 칼바위 근처도 권장할 만한 곳이다.

다양한 어종에 씨알도 굵은 거문도에서는 여름철에는 뱅에돔이, 겨울철에는 감성돔이 주로 걸려든다. 따뜻한 물에서 활동하는 난류성 어종인 벵에돔은 수온에 가장 민감하게 반응하는데, 조류의 흐름이 적고 냉수대와 잘 융합되지 않은 깊숙한 곳을 좋아한다.

또, 조그마한 변화에도 민감한 반응을 보일 정도로 매우 경계심이 발달해 있고 예민한 습성을 가지고 있는 감성돔은 시야 확보가 좋은 맑은 물을 좋아한다. 따라서, 가족 단위로 물때, 조류, 계절, 어류들의 습성 등을 기본적인 상식을 가지고 거문도 낚시를 즐기면 큰 고기도 낚을 수 있다.

낚시 전문가가 아니더라도 뭍이나 방파제에서 혹은 작은 배를 항구에 띄워 놓고 온 가족이 함께 낚시 체험을 하는 것도 진한 가족애를 낚을 수 있는 소중한 경험이 될 것이다.

거문도에서 낚시하기 좋은 곳

섬, 섬 사람, 섬 문화

거문도 사람들

거문도는 현재 거문, 덕촌, 변촌, 장촌, 유촌, 죽촌 여섯 개의 자연 마을이 형성되어 있다. 고도의 거문리는 삼산면 행정의 중심지이자 상권이 발달했고, 서도의 덕촌·변촌·장촌, 동도의 유촌·죽촌은 반어반농(半漁半農)을 하면서 생활하고 있다.

마을은 근세 이후에 거문도의 중심으로 성장한 거문리를 제외하고는 우리나라 섬 마을의 전형적인 형태를 보여 준다. 넓은 평지가 없기 때문에 거의 경사진 곳에 마을을 앉혔으며, 바람을 피하기 위하여 처마를 낮게 한 일자집이 가장 많다. 집집마다 낮은 돌담으로 경계를 지었고, 고샅도 구불구불하고 좁은 편이다. 그래서 도시보다 훨씬 머물고 싶은 정감이 가는 곳이다.

거문도의 상주 인구는 10여 년 전만 해도 3,000여 명이 웃돌았으나 지금은 거의 반으로 줄었다. 그 가장 큰 이유는 수산업의 퇴조와 교육 인구의 이동을 들 수 있다. 거문도에서 수산업은 거문도를 받쳐주던 주업이었다. 그래서 거문도는 어항으로, 상항으로, 피항으로서의 기능을 가지고 '돈섬'으로 불리기도 하는 바람에 덩달아 서비스업도 호황이었다. 그러나 수산업이 퇴조한 현재는 그 기능들이 상당히 축소된 상태이다. 또, 소득이 늘어나면서 자녀들의 상급학교 진학을 위한 도시 진출로 말미암아 거문도 인구도 상대적으로 크게 줄어들었다.

얼마 전까지만 해도 거문, 서도, 덕촌, 동도 등 4개의 초등학교가 독립적으로 운영되었으나 현재는 학생수가 100여 명 남짓으로 줄어들어 거문초등학교를 본교로 나머지는 분교로 운영되고 있다. 거문중학교도 1개 학년이 20명도 못 된다. 그래도 아직은 1,700여 명의 거문도 주민들이 6개의 마을에서 자기 땅을 굳게 지키며 살아가고 있지만, 생업의 형태는 점차 바뀌어 가고

거문도 해녀 거문도 사람들은 어업이 중심이지만 논이 거의 없어 산
기슭 가풀막을 일구어 밭농사만 얼마간 짓고 있다. 주식은 육지에서
조달해 오고 기본적인 찬거리는 밭에서 생산하고 있는 것이다. 오른
쪽은 해녀들이 잡아 올리는 홍삼이다.

있다. 관광객이나 배를 타는 사람들을 상대로 한 숙박업과 음식점 그리고 다
방을 비롯한 유흥업에 종사하는 사람이 꾸준히 늘고 있는 추세이다. 이에 반
해 상대적으로 어업과 농업은 퇴조의 길을 걷고 있다. 주민들이 이용하는 주
식이나 생필품은 주로 여수에서 조달해 오는데, 들여오는 운임 때문에 육지
보다는 조금 비싼 편이다.

　거문, 덕촌, 서도, 유촌, 죽촌의 어촌계를 중심으로, 어민들은 어류·해조
류·패류 등의 가두리 양식과 작은 어선을 이용한 채낚기 또는 연안 통발과
연안 연승 어업에 종사하고 있다. 또, 갯가에 나가 톳·미역·우뭇가사리·
다시마·고동·배말·군부·보찰(거북손) 등을 채취하여 가계에 보태기도
한다. 한편, 거문도 사람들은 어업이 중심이지만 논이 거의 없어 산기슭 가
풀막을 일구어 밭농사만 얼마간 짓고 있다. 주식은 육지에서 조달해 오고 기
본적인 찬거리는 밭에서 생산하고 있는 것이다. 예전에는 농사를 지을 때 지

금의 쟁기 전신인 '따비'를 이용했다. 영국 그리니치에 있는 국립해양박물관 역사 사진 자료실에는 '밭갈이하는 농부(Turning Ground Over)'라는 거문도의 따부(따비)가 소개되어 있는데, 과거 거문도에서는 이를 쟁기처럼 이용하여 밭갈이를 했다. 그러나 지금은 이곳에서도 경운기가 밭갈이를 다 하고 있다.

밭작물로는 고구마·보리·옥수수·콩 등을 주로 경작하였으나 최근 들어 밭을 가지고 있는 농가에서는 거의가 쑥을 특용작물로 가꾸고 있다. 보통, 쑥은 봄철에 출하하지만, 거문도에서는 따뜻한 기후 때문에 겨울부터 생산한다. 거문도 쑥은 포기가 풍성하고, 무공해인데다 진한 향기까지 가지고 있는 건강 작물로 대단히 인기가 높다. 생산된 쑥은 생으로 혹은 분말로 가공하여 판매하고 있는데, 그 유통 체계는 갖추어지지 않았다. 주민들의 건강은 보건진료소와 약국이 맡고 있고, 마을마다 경로당이 잘 갖추어져 있다. 소득도 결코 육지 사람들에게 뒤지지 않는다.

거문도 쑥밭　거문도에서는 따뜻한 기후 때문에 겨울부터 생산한다. 거문도 쑥은 포기가 풍성하고, 무공해인데다 진한 향기까지 가지고 있는 건강 작물로 대단히 인기가 높다.

풍어와 안녕을 기원하는 거문도 축제

삼산면에서는 매년 음력 4월 15일마다 어김없이 고두리 영감제행, 풍어제, 용왕제, 거북제 네 가지 행사를 하루에 치르고 있다.

처음에는 거문도, 동도, 서도에서 마을별로 따로따로 치루었으나, 얼마 전부터는 수협이 주관해 합제 형태로 행한다. 이 날은 매구도 치고, 뱃노래 시연도 하며, 선상 퍼레이드도 한다. 거문도를 비롯한 삼산면 사람들의 신나는 축제인 것이다. 이 축제는 마을마다 치렀던 동제에서 비롯되었다. 험한 바다와 싸워야 했던 거문도 사람들은 자신들의 안녕과 무사태평 그리고 풍어를 비는 동제를 마을마다 각기 치러 왔다.

거문리에서는 매년 정월 보름을 기해서 고두리 영감제행(祭行)을 했다. 옛날 거문리에 흉어가 들어 주민들이 어렵게 살아가게 되었을 때, 마을 사람들은 뜻을 모아 정성스럽게 용왕제를 지냈다. 그랬더니, 갑자기 폭풍우가 몰아치기 시작했다. 다음 날, 폭풍우가 멎은 뒤 큰 바위 하나가 마을 앞 바다 위로 둥둥 떠오르는 것이었다.

마을 사람들은 용왕이 이 바위를 보낸 것으로 믿고, 이를 거문리와 수월산 사이 안노루섬 정상에다 신체로 모시고 제사까지 지냈다. 그 해부터는 고등어가 많이 잡혀 주민들은 걱정 없이 살 수 있었다고 한다. 그래서 이 돌을 고두리 영감으로 부르고 매년 풍어를 기원하는 제를 올렸다 한다.

덕촌에서는 삼월 삼진날 마을의 안녕과 해상 안전, 그리고 풍어를 기원하는 동제를 마을 뒷산 당집을 이용하여 지냈다. 현재의 당집은 시멘트로 만들어진 2칸 집인데, 1칸은 제실이고 1칸은 부엌이다.

제실 내부 제단에는 '開拓秋氏之神位'와 '土地之神位' 두 위패가 모셔져 있다. 제단 양쪽 구석에는 쌀을 넣은 단지가 놓여 있다. 제사 때는 묵은 쌀은

꺼내고 새 쌀을 넣어 둔다.

변촌에서는, 해방 직후 거북이 한 마리가 상처를 입은 채 가짐(변촌) 해안으로 간신히 올라왔다. 마을 사람들은 그 거북이가 가엾기도 했지만 안주 삼아 잡아먹어 버렸다. 그런 뒤 얼마 못 가서 마을에 변고가 생겼다. 고기가 잡히지 않는 것이었다. 마을 사람들은 그제야 왕의 사자인 거북이를 잡아먹었기 때문이라며 서둘러 이를 달래는 제사를 지내게 되었다. 그 후부터 갈치가 아주 잘 잡히게 되었다고 한다.

서도 장촌에서도 섣달 그믐날 영신당에서 당제를 지낸다. 당집은 최근 시멘트로 새로 신축했다. 건물 안에는 '영신신위(靈神神位)'라 쓰여진 위패가 있고, 그 뒤에는 '天無熱風 海不揚波'라 써 붙여져 있다. 제단 우측 바닥에는 산신의 청색과 적색 천으로 지어진 옷이 바구니에 담겨져 있고, 좌측 바닥에는 단지에 쌀이 담겨져 있다.

죽촌에서는, 옛날 5척 단구의 한 청년이 죽촌 마을 앞 해안가에 다 죽어가는 채로 표류해 왔다. 두렵기도 했지만, 마을 사람들은 그를 정성을 다해 간호했고, 그 덕으로 청년은 살아나게 되었다. 되살아난 청년은 자신을 오도리라 소개하며 은혜를 잊지 않겠다고 약속 했다.

오도리는 장사였다. 힘이 드는 마을 일은 혼자서 도맡아 했다. 집채만한 돌을 혼자 들어서 마을 앞 다리도 만들어 놓았다. 왜구들이 이 마을을 노략질했을 때는 맨손으로 싸워 적의 무릎을 꿇게 하였으며, 그들이 싣고 온 금품까지 빼앗아 동네 사람들에게 골고루 나누어 주기까지 했다.

마을 사람들은 그를 정중하게 대접했고, 그런 뜻에서 오도리 영감이라 불렀다고 한다. 아직 인간의 지혜가 발달하기 전의 산물이라고는 하지만, 이와 같은 용왕제나 풍어제는 옛 기층민의 종교적 의식이라기보다는 무속 예능이 종합된 민중 연희적(演戱的) 성격을 띤 축제였다.

그러면서도 그들은 이런 공동 행사를 통해 마을의 번영과 주민의 무사 태

거문도 축제 거문도를 비롯한 삼산면 사람들의 신나는 축제는 마을마다 치렀던 동제에서 비롯되었다. 험한 바다와 싸워야 했던 거문도 사람들은 자신들의 안녕과 무사태평 그리고 풍어를 비는 동제를 마을마다 각기 치러 왔다.

평과 해상 안전을 빌었고, 고기가 많이 잡히길 기원했다. 그래서 섬 사람들에게서는 이기주의는 아예 찾을 수 없다.

거문도에는 아직도 풍어제가 살아 있다. 전라남도 무형문화재 제1호인 「거문도 뱃노래」가 단연 풍어제의 압권이다. 1979년 전국민속예술경연대회에 출품하여 최고의 영예를 안으면서 빛을 본 이 「거문도 뱃노래」는 이제 초등학교 6학년 음악 교과서에 실릴 정도로 유명해졌는데, 매년 음력 4월 보름날 풍어제 행사 때 항상 시연을 하고 있다.

전수자 이기순 옹의 선소리로 「고사소리」부터 시작하는데, 뒤를 이어 「놋소리」, 「월래소리」, 「가래소리」, 「썰소리」 등으로 나누어 굿판을 벌이고, 이에 앞서서 「술비소리」를 별도로 한다.

「고사소리」는 배가 떠나기 전에 풍어를 비는 의식요이다. 자진모리 장단으

풍어제 용왕제나 풍어제는 옛 기층민의 종교적 의식이라기보다는 무속 예능이 종합된 민중 연희적성격을 띤 축제였다. 거문도 사람들도 이 날은 주민들의 공동체 의식이나 정체성을 확인하는 계기로 삼고, 한편으로는 잠시 고단한 삶을 벗어나 여유 있는 휴식의 시간을 갖는 것이다. 왼쪽은 거문도 풍어제에서 띄워 보내는 띠배이다.

로 길게 엮어 부른다. 「놋소리」는 어부들이 배를 타고 들고나면서 노를 저으며 부르는 소리이다. 3분박의 4박자 늦은 자진모리에 맞는다. 도사공(都沙工)이 한 장단을 메기면 어부들이 "어야 듸야" 하면서 한 장단을 받는다. 「월래소리」는 바다에 쳐놓은 그물을 여러 어부들이 힘을 합하여 한 가닥씩 끌어당기면서 부르는 어로요이다. 힘을 써야 하기 때문에 아무래도 씩씩한 느낌을 준다.

「가래소리」는 그물에 걸려 들어온 고기를 가래로 퍼담으며 부르는 소리이다. 3분박의 좀 빠른 3박자로 세마치장단에 맞는다. 도사공이 두 장단을 메기면 어부들이 두 장단을 "어낭성 가래야" 하고 받는다. 「썰소리」는 만선이 되어 귀항하며 부르는 소리이다.

「술비소리」는 배의 밧줄을 꼬면서 3분박의 보통 빠른 3박자로 세마치 장단에 맞게 부른다. 도사공이 두 장단을 메기면 어부들이 "에이야라 술비야" 하고 받는다. 그 느낌은 웅장하고 씩씩하다. 노랫말이 귀에 익지 않기 때문에 따라하기가 쉽지 않지만, 곁에 있기만 해도 절로 흥이 난다.

거문도 사람들도 이 날은 주민들의 공동체 의식이나 정체성을 확인하는 계기로 삼고, 한편으로는 잠시 고단한 삶을 벗어나 여유 있는 휴식의 시간을 갖는다. 풍어제가 이제는 지역의 문화 축제로 되살아난 것이다.

특산, 갈치와 삼치

거문도는 해산물 천국이다. 그 중에서도 거문도 은갈치와 삼치는 특별한 먹거리로 꼽힌다. 갈치는 여름에서 가을까지, 삼치는 겨울에서 봄까지 거문도와 백도 연안을 떼로 다니기 때문에 그만큼 어획량도 많다. 아무리 갖은 양념을 하고, 손재주를 부려 보아도 우선 생선 자체가 싱싱하지 않으면 그 맛이 떨어진다. 거문도에서의 생선 맛은 바로 잡아 올린 살아 있는 맛 그대로이기 때문에 다른 지역의 추종을 불허한다.

갈치는 집어등을 밝힌 채 낚시를 드리우고 있으면 차례차례 걸려드는데, 그 모양새 때문에 띠어 · 칼어 · 백대어 등의 다른 이름이 있다. 띠어는 허리

띠의 모양에서, 칼어는 긴 칼 모양에서 유래했다. 아무것이나 닥치는 대로 먹어치우는 잡식성이다.

갈치는 잡혔다 하면 몇 시간 못 가서 숨을 거둘 정도로 성질이 매우 급한 편이다. 그래서 갈치를 회로 즐기려면 바로 잡은 것이어야 한다. 일단 경매가 붙여지고 나면 거문도 식당마다 갈치회를 준비한다. 싱싱한 갈치를 구아닌이라는 일종의 색소가 있는 비늘을 잘 처리하고 살점을 도려내 그냥 초고추장이나 고추냉이(山葵, 와사비) 양념을 한 간장에 찍어 먹기도 하고 상추쌈을 하기도 한다. 살이 통통한 거문도 갈치는 씹히는 맛이 쫀득쫀득하고 달콤해서 거문도가 아니면 다른 지방에서는 도저히 그 맛을 볼 수가 없다.

또, 갈치회무침 · 갈치조림 · 갈치구이 · 갈치국도 있다. 싱싱한 갈치를 골라 살점을 도려내 갖은 양념을 한 다음 야채와 함께 버무리기만 하면 회무침이 되고, 성글게 썬 무나 감자 혹은 호박 등을 아래에 놓고 그 위에 통통한 갈치를 서너 토막을 내서 마늘, 생강, 고춧가루, 간장 등과 각종 야채를 갈아서 갠 양념을 넣고 자박자박하게 물을 부어 조리면 갈치조림이 된다. 이때, 파와 청양고추를 올려놓으면 다소 알근달근한 맛이 밴다.

갈치구이는 도막 낸 갈치에 왕소금을 흩뿌려 굽기만 하면 된다. 갈치국은 물론 갈치가 주재료인데, 여기에 가시나물이라고도 하는 엉겅퀴 어린순이 이 들어간다. 약용으로도 쓰이는 엉겅퀴는 거문도에 지천으로 많아서 그리 어렵지 않게 구할 수 있기 때문이었다.

갈치에는 단백질과 필수아미노산이 많아 곡류를 주식으로 하는 우리 나라 사람들에게는 균형 잡힌 찬거리이다. 특히, 고혈압, 동맥경화 및 심근경색 등을 예방하는 지방산이 들어 있어 성인병 예방에 효과적이며, 칼슘 함량이 많아 성장기 어린이에게도 아주 훌륭한 식품으로 알려져 있다. 그 밖에 나트륨, 칼슘, 인과 같은 무기질과 비타민 A, D, E, 비타민 B군이 골고루 들어 있어 기억력 증진, 각기병 예방, 야맹증 예방, 빈혈 방지와 소화 불량에도

갈치와 갈치회 살이 통통한 거문도 갈치는 씹히는 맛이 쫀득쫀득하고 달콤해서 거문도가 아니면 다른 지방에서는 도저히 그 맛을 볼 수가 없다.

좋다고 한다.

가을로 접어들면 거문도는 삼치 성어기를 맞는다. 삼치는 맛이 좋은 생선으로서 망어(亡魚), 마교(馬鮫), 마어(麻魚), 발어(拔魚) 등의 딴 이름을 가지고 있다. 참다랭이와 비슷하게 생긴 삼치는 등은 회백색, 배는 흰색인데 몸 옆에는 7~8줄의 암회색 반점이 늘어서 있다. 크기는 대개 1~2미터 정도로 자라는데, 일부일처를 고수한다는 삼치는 여름에 산란하기 위하여 서해 중부 이북까지 올라갔다가 수온이 낮아지면 월동을 하기 위하여 거문도 주위로 무리를 지어 몰려든다. 이때, 끌주낙·걸그물·정치망·낚시 등을 이용하여 잡는다.

머리를 좋게 한다는 DHA가 풍부하게 들어 있는 삼치는 단백질과 지방이 많아 고소하고 담백한 맛을 준다. 그러나 살이 연하고 지방질이 많아 다른 생선에 비해 부패의 속도가 빠르므로 잡은 즉시 회를 쳐서 먹거나 신선한 상태에서 바로 요리를 해서 먹는 것이 맛있는 삼치를 즐기는 요령이다. 알은 소금에 절여 말려 두었다가 술안주용으로 쓴다.

삼치회는 초고추장이나 고추냉이를 곁들인 간장에 찍어 먹거나 상추쌈을 해도 맛있다. 삼치는 쉽게 상하기 일쑤이지만, 늦가을부터 겨울에 맛보는 거문도 삼치회는 항상 신선한 맛을 그대로 간직하고 있기 때문에 아무리 많이 먹어도 탈이 나지 않는다.

삼치는 살이 두텁고 맛 또한 고소하다. 또, 비린내가 심하지 않아 소금구이로 자주 해 먹는다. 소금으로 간한 삼치를 석쇠나 프라이팬 혹은 전자레인지를 이용하여 구워 내기만 하면 된다. 향을 즐기기 위하여 유자나 칠미가루 등을 가미한 간장에 어슷하게 썬 삼칫살을 담갔다가 건져 구워서 먹는 방법도 있으나 거문도에서는 생선 자체가 싱싱하기 때문에 그렇게 하면 오히려 독특한 삼치 맛을 해칠 수 있다.

삼치조림도 갈치조림처럼 무를 이용한다. 냄비에 싹뚝싹뚝하게 썬 무를 깔고 그 위에 삼치를 놓은 다음 풋고추, 붉은 고추, 대파 등을 얹어 갠 양념을 넣고 물을 자작하게 부어서 조리면 된다.

삼치는 겨울부터 봄에 걸쳐 잡힌 것이 가장 맛이 있는데, 혈압 강하, 정신 안정, 뇌졸중 및 동맥 경화에 효과가 있는 타우린이 많으며, 항암 및 학습 능력 향상에도 좋은 생선으로 알려져 있다.

거문도에서는 갈치나 삼치 외에도 전복, 꾸적, 홍합 요리가 일품이다. 전복은 지방질이 다른 생선보다 아주 적고 단백질이 많기 때문에 중년 이상의 건강식으로 추천된다. 당뇨병이나 고혈압 등 성인병에는 전복을 회로 먹거나 익혀 먹는 등 취향에 따라 장기간 섭취하면 상당한 치료 효과가 있다고 한다. 피부미용, 자양강장, 산후조리, 허약체질 등에도 효능이 있으며, 시신경의 피로에도 크게 도움이 된다고 한다.

1805년, 유촌에서 태어난 박윤하(朴潤夏)는 전복을 먹고 싶어 하는 아버지의 말을 듣고 바닷가로 나갔다고 한다. 때마침 파도가 너무 거세 감히 물에 들어갈 수가 없어 울며 지극 정성으로 전복을 잡을 수 있도록 빌었는데, 이때 전복 3마리가 올라왔다고 한다. 그는 천지신명께 예를 갖추고 그 전복으로 죽을 쑤어 병석에 누운 아버지에게 공양해 드렸다고 한다. 다음 날, 어디서 나타났는지 수십 마리의 까마귀들이 전복 한 마리씩을 물고 와서 마당에 떨어뜨려 주고 가더라는 것이다.

전복과 전복죽 지방질이 아주 적고 단백질이 많기 때문에 건강식으로 추천된다. 전복은 당뇨병이나 고혈압 등 성인병에는 물론 피부미용, 자양강장, 산후조리, 허약체질 등에도 효능이 있으며, 시신경의 피로에도 크게 도움이 된다고 한다.

박윤하는 그것으로 아버지를 낫게 했다고 한다. 이 소문을 들은 조정에서는 효자 정문을 내렸을 뿐만 아니라, 가선대부 호조참판의 벼슬을 내렸다고 한다.

전복은 날것을 그대로 먹으면 오돌오돌 씹는 느낌이 좋고 맛도 그만이다. 감칠맛을 느끼려면 익혀서 먹으면 된다. 전복은 살이 통통하게 찐 것이 좋고 하나에 150그램 정도면 상품이다. 같은 값이면 클수록 좋으나 자연산은 너무 크면 딱딱하고 질겨서 횟감으로는 적당하지 않다. 거문도에서는 전복을 회로 먹거나 죽을 쑤어 먹는다.

거문도 사람들은 참소라를 꾸적이라고 한다. 꾸적은 주로 파도가 많이 치는 곳에서 살다가 크면 해초가 많은 조간대 아래쪽에서 주로 살아간다. 꾸적은 아미노산 성분이 들어 있어 청소년 성장에도 좋고, 원기 회복의 효능이 있어 노인이나 환자 그리고 수험생에게도 좋다고 알려져 있다. 거문도 꾸적은 전복 맛을 내는데, 그냥 생식하거나 전복처럼 죽을 쑤어 먹기도 한다. 또, 숯불 위에 구워 먹는 그 맛은 참으로 일품이다.

이 밖에 홍합비빔밥이나 해초비빔밥도 별식이고, 자리돔으로 만든 물회,

구이, 회, 찌개도 다른 곳에서는 쉽게 맛볼 수 없는 향토 음식이다. 거문도 홍합은 모두 자연산으로 큰 것은 손바닥을 훨씬 넘긴다. 거문도에서 갈치와 삼치를 비롯해서 전복이나 꾸적 등의 향토식을 맛보려면 아무래도 고도 거문리 삼도식당(061-665-5946)이나 백도식당(061-666-8017) 등이 좋다. 홍합비빔밥이나 자리돔 요리는 서도 장촌가든(061-665-1329)이 유명하다.

관 광 안 내

교통 정보

거문도와 백도는 생각보다 교통망이 매우 좋다. 우선 여수 가는 길은 항공편, 철도편, 버스편이 모두 잘 갖추어져 있고, 승용차를 이용할 경우에는 남해고속도로를 타고 가다 순천이나 광양 인터체인지에서 여수 방향으로 빠져나가면 된다. 또, 고흥 녹동까지 가서 그곳에서 여객선을 이용해도 된다(청해진 해운 061-844-2700, 거문도여행사 080-665-4477).

여수에서 거문도까지는 쾌속선이 하루 2회 왕복한다(하절기). 걸리는 시간은 2시간 정도. 아래 시간에 맞추어 여행 계획을 세우면 후회 없는 추억거리가 될 것이다. 거문도 내 주요 교통수단은 택시, 오토바이, 자전거 등이다. 승용차는 가지고 들어갈 만한 곳이 못된다. 섬을 일주하는 데는 유람선을 이용하거나 도보로 다녀야 한다. 거문도와 백도 유람선은 20명 이상이면 수시로 운항한다. 이 밖에 등대, 동도, 서도 사이에도 유람선을 이용하면 해상 절경(동백섬, 거문도 등대, 거문도 일주 등)을 두루 관람할 수 있다.

거문도는 숙박 시설도 잘 갖추어져 있다. 거문리에 8개의 여관과 20여 곳의 민박집이 있다. 요금은 2~3만 원 정도이며, 여름에는 유림 해수욕장 근처에서 야영도 할 수 있다.

표1 여객선 출·입항 시간

구 분	여 수 항			거 문 항			선 명
	출항	경 유	입항	출항	경 유	입항	
하절기 (3월 1일~ 10월 31일)	07:40	나로도, 손죽	09:50	10:00	서도, 손죽, 나로도	12:10	페가서스
	08:00	나로도, 대동	09:50	10:30	동도, 대동, 나로도	12:40	엔젤호프
	14:00	나로도, 의성, 서도	16:10	16:40	나로도	18:30	페가서스
	14:20	나로도, 손죽, 동도	16:10	17:00	나로도	18:50	엔젤호프
동절기 (11월 1일~ 2월 28일)	07:40	나로도, 손죽	09:50	15:00	서도, 손죽, 나로도	17:10	페가서스
	08:00	나로도, 대동, 동도	10:00	15:20	동도, 대동, 나로도	17:20	엔젤호프

* 여객선 운항 시간은 기상 조건, 또는 부득이한 사정에 의해 변경될 수도 있음. 녹동항에서는 (주)청해진해운에서 운항하는 오고가고호가 오전 8시, 오후 2시, 거문항에서는 오전 10시, 오후 4시 두 차례 왕복한다.

표2 알아두면 편리한 전화 번호

여 수		거문도	
(주)영신해상크루즈	061-662-1144	(주)영신해상크루즈	061-666-4200
(주)온바다	061-663-0116	(주)온바다	061-666-8215
여객선터미널	061-663-0116	거문항	061-663-0100
여수공항	061-683-7997	거문도 등대	061-666-0906
여수역	1544-7788	삼산면사무소	061-690-2607
여수버스터미널	061-653-1877	삼산특수파출소	061-665-0112
여수시청 관광홍보과	061-690-2225	거문도 다이빙 월드	061-643-5939

* 거문도 백도 유람선 : 슈퍼켓 061-666-4200 · (주)가고오고 061-666-8215
· 태양호 061-666-7474 · 모비딕 061-666-2801

여행일정표

성능 좋은 쾌속선 때문에 아침 첫 배를 이용하면 거문도와 백도 관광은 단 하루에라도 다녀올 수 있다. 10시쯤 도착하여 두어 시간 백도를 둘러보고 점심을 먹은 후에 고도를 보면 된다. 오후 4시 30분이 되면 배에 올라타야 하므로 6시간 정도로는 아무래도 주마간산 격이 될 수밖에 없다.

거문도에서 1박 2일이면 백도를 비롯하여 고도, 서도, 동도를 다 둘러볼 수 있으며 2박 3일이면 거문도 주위의 해상 진경은 말할 것도 없고 맑고 깨끗한 유림 해수욕장에서 한나절을 보낼 수 있는 장점이 있다. 또 전복이나 꾸적, 해초비빔밥 등 특별한 음식도 맛볼 수 있다.

1박 2일 기준

일 정	시 간	관 광 코 스	세 부 사 항
첫째 날	07:40~09:50	여수항 출발 → 거문항 도착	약 2시간 소요
	09:50	거문도 도착/휴식	점심 식사
	13:00	백도 관광	약 2시간 소요(유람선 이용)
	16:00	거문도 일몰 관광	동백 터널 산책(약 2킬로미터) →거문도 등대 관광
	18:00	숙박	
둘째 날	05:30	거문도 일출 관광	삼호교 또는 영국군 묘지
	07:30	휴식	아침 식사
	09:00~11:30	서도 등산로 일주 : 유림 해수욕장 → 기와집몰랑 → 신선바위 → 보로봉 → 거문리	약 2시간 소요(도보)
	12:00	휴식	점심 식사
	16:40~18:50	거문항 출발 → 여수항 도착	약 2시간 소요
	19:00	귀가	

2박 3일 기준

일 정	시 간	관 광 코 스	세 부 사 항
첫째 날	07:40~09:50	여수항 출발 → 거문항 도착	약 2시간 소요
	09:50	거문도 도착/휴식(점심)	
	13:00	고도 산책	영국군 묘지, 신사 터(도보)
	15:00	자유 시간	낚시, 거문항 관광
	18:00	숙박	
둘째 날	05:30	거문도 일출 관광	삼호교 또는 영국군 묘지
	07:30	휴식	아침 식사
	09:00~11:30	서도 등산로 일주: 유림 해수욕장 → 기와집몰랑 → 신선바위 → 보로봉 → 거문리	약 2시간 소요(도보)
	11:30	휴식	점심 식사
	13:00	백도 관광	약 2시간 소요(유람선 이용)
	15:00	자유 시간(해수욕)	유림 해수욕장 이용
	16:00	거문도 일몰 관광	동백 터널 산책(약 2킬로미터) →거문도 등대 관광
	18:00	숙박	
셋째 날	05:30	동도 망양봉 등산	일출 관광(도보)
	07:00	휴식	아침 식사
	09:00	동도 산책	거문진 터, 귤은사당(도보)
	12:00	자유 시간	점심 식사
	16:40~18:50	거문항 출발 → 여수항 도착	약 2시간 소요
	19:00	귀가	

주(註)

1) 중국 전한 시대의 사가 사마천의 『사기』에서 그 연원을 찾을 수 있다.

"중국 전욱(顓頊) 고양씨(高陽氏) 시대였다. 하늘과 땅은 구별할 수 없었고, 신과 인간의 거리도 마찬가지였다. 질서가 없는 천지였던 것이다. 더구나, 그의 세 아이가 태어나자마자 얼마 못 가서 죽은 다음 한 아이는 강물에 정착해서 학질이 되어 이 세상에 병균을 퍼뜨리고, 또 한 아이는 정화수에 정착해서 사람의 목소리를 써서 사람들을 괴롭혔다. 나머지 한 아이는 작은 도깨비가 되어 인가의 지붕에 살면서 사람들에게 종기를 퍼뜨리거나 아기들을 놀라게 했다. 이에, 전욱은 하늘과 땅, 신과 인간을 확실하게 구별해 두고 싶었고, 창궐하는 질병도 잡고 싶었다. 그래서 그는 힘이 장사인 중(重)과 여(黎)에게 각각 남정(南正)과 화정(火正) 자리를 맡기면서 힘으로써 하늘과 땅을 완전히 격리시켜 놓도록 했다. 그런 다음 중에게는 신(神)으로서 하늘을, 여에게는 민(民)으로서 땅을 각각 관장케 했다.

특히, 여에게는 땅을 다스리면서 각종 질병과 악귀를 쫓아내는 임무를 부여했다. 이런 일이 있고 난 다음부터는 하늘과 땅이 서로 간섭하지 않았고, 중과 여와 같은 축융 앞에서는 각종 질병도 맥을 못 추게 되었다고 한다."

이러한 기록으로 미루어 보아, 여수 벅수는 오랜 역사 속에서 천지를 다스리는 신이요, 악귀를 내쫓는 축융으로서 자리해왔다는 사실을 알 수 있다.

2) 장군은 비통한 절명시(絶命詩)를 한 수를 남긴다. 죽기를 각오한 것이다.

진중에 해 저믄데 바다 건너와
슬프다, 외로운 군사 끝나는 인생
임금과 부모님 은혜 갚을 길 없어
원한이 구름 속에 얽혀 풀리지 않네

3) 김류 선생의 자는 사량(士亮)이며 호는 귤은이다. 동도 유촌에서 태어난 선생은 과거 길에 장성에서 서경덕·이황·이이 등과 함께 성리학의 대가로 일컬어진 노사(蘆沙) 기정진(奇正鎭, 1798~1876년)을 만나 그 뜻을 접고 오직 학문에만 전념하였다.

전북 순창에서 태어나 7세에 이미 성리학의 깊은 이치를 깨우쳤고, 10세에는 경서·사서를 통독한 노사 선생은 당시 벼슬길에도 나아가지 않고 장성에다 담대헌(澹對軒)을 짓고 내로라하는 문인들과 교류도 하면서 후학들을 가르치고 있던 터라 귤은에게는 학문을 더 닦을 수 있는 절호의 기회였다. 귤은은 스승 밑에서 경사, 시문, 전술, 예능에 정진했다.

학문의 깊이가 더해질수록 벼슬보다는 당시 정쟁으로 만연된 혼탁한 사회에서 차라리 후학을 바르게 가르치는 것이 더 낫다고 생각했다. 그는 다시 거문도로 돌아와 낙영재(樂英齋)를 세우고 후학을 가르치는 일에 평생을 보냈다. 선생은 영국군이 거문도를 점령했을 때 그들과 필담을 나누기도 했으며, 러시아 푸티아틴 제독이 조선 정부에 보내는 개항 요청문인 해상기문(海上奇聞)을 작성하기도 했는데, 해박한 선생의 글 솜씨를 알아본 그들은 모두가 다 치하해 마지않았다 한다.

선생의 학문과 시문의 깊이는 『귤은재문집(橘隱齋文集)』 등에서 볼 수 있는데, 거문도 구석구석에

대해서 많은 기록을 남기고 있다.

4) 『조선왕조실록』에 의하면, 왜구들이 고초도에 와서 낚시를 할 수 있도록 허가해 줄 것과 조선 정부에서 이에 대한 논의 내용이나 임진왜란 이전 왜구들의 노략질 사례가 상세히 기록되어 있다. 그 중 두 대목만 보면,

세종 24년(1442년) 8월 27일(갑인) "…… 예조에 명하여 대마도주에게 공문을 보내어 말하기를 전년 겨울에 고도(孤島)·초도(草島)의 두 섬에서 물고기를 낚는 것을 약속하여 정할 때에 귀하(貴下)가 보내는 사람은 병기를 휴대하지 못하며, 그 선박의 척수와 크기의 대·중·소와 타고 온 사람의 수를 명백히 갖춰 기록하여 문인(文引)을 발급하고, 경상도 거제 땅 지세포에 이르러 만호(萬戶)의 문인을 고쳐서 받고, 고도·초도 두 섬에 나아가 고기를 잡은 후에는 지세포로 돌아와서 만호의 문인을 반납하고, 이내 선세(船稅)를 바치게 한 뒤에 떠나가게 할 것이며 ……."

명종 11년(1556년) 7월 "제주목사가 왜선 5척을 불태우고 격퇴했으며, 이때 왜구의 잔당들이 삼도(三島)에 침범했으나 이를 섬멸했다" 등이다.

5) 1930년에 보고된 자료에 의하면, 거문도에는 일본인 소유 어선 180척, 한국인 어선 40척, 어부 2,000명(일본인 400, 한국인 1,600)에 일본 요리집 16호, 한국인 음식점 25호, 일본인 기녀 54명, 한국인 작부(酌婦) 20명이 있었다고 하니 그들이 뿌리내린 퇴폐적인 유락 문화를 짐작해 볼 수 있다.

거문도에는 공창(公娼)이 있었다. 곧, 일본인이 경영하는 유곽 7호, 한국인이 경영하는 술집 겸 유곽이 3호였으며, 그에 준하는 여관이 3호나 있었다. 이밖에도 사사로이 멋진 간판을 달고 영업을 했던 곳도 많았을 것으로 짐작된다.

6) 서구식 화강암 묘비에는 'SACRED to the memory of WILLIAM J. MURRY, A. B, aged 21 years, CHARLES DALE, boy, aged 17 years of H. M. S. ALBATROSS who were killed by accident on the 11th March 1886. Erected by their shipmates.' 라 기록되어 있다. 1886년 3월 11일 총기 사고로 사망한 영국 해군 군함 알바트로스(Albatross)호의 수병 21세 윌리엄 J. 머리와 17세 소년 찰스 데일의 묘비임을 알 수 있다. 또, 1903년 10월 9일 조선 기항중에 사망한 군함 알비온(Albion)호의 승무원 알렉스 우드(Alex Wood)임을 알리는 내용도 새겨져 있다.

7) 3년 뒤 『사마랑호 항해기(Narrative of the voyage of H. M. S. Samarang)』를 출판하면서 거기에 거문도를 당시 영국 해군성 차관인 해밀턴의 이름을 따 포트 해밀턴〔Port Hamilton: 寶島合米屯(敦)〕이라 기록한다. 이 보고서를 바탕으로 1855년 리처드(John Richard) 함장의 군함 사라센(Sarasen)호, 1859년 5월 6일 워드(J. ward) 함장이 이끄는 군함 액타이온(Actaeon)호, 1863년 함장 와일즈(E. Wilds)가 지휘하는 군함 스왈로우(Swallow)호 등이 거문도를 다녀갔다. 스왈로우(Swallow)호는 거문도 주변 해역을 탐사하고 「양자강에서 조선 남해안과 나가사키 사이의 수심도(水深圖)」를 완성한다. 이 자료는 1885년 영국군이 거문도와 상해 간 해저 전선을 부설할 때 기초 자료로 이용되었다.

8) 이 시도 더불어 읽어볼 만하다.

"강호의 좋은 경치 듣는 대로 말하노니,
저 바다 모퉁이에 三洲(삼주)가 자리했네.
둘레의 여러 산세 모두가 더할 수 없이 곱고,
활처럼 넓은 바다 강을 끼고 흘러가네.

양쪽의 두 언덕이 서로가 아득하나
배를 타고 돌아보니 하루아침 길이로세.
사면이 막힘 없이 환하게 트였는데,
여기저기 모인 인가(人家) 촌락을 이루었네."　　　　　　——하략——

9) 그리고는 이렇게 시까지 한 수 남겼다.

"옛날 남쪽 끝에 수성(壽星)이 내려와 비쳤는지
홀로 외로운 바위 노인 형상이네.
세월이 얼마나 흘렀는지 알 수는 없지만
천년이 아니라 한 억년쯤 지났을 것 같구나."

　　과연 선비다운 발상이다. 수성은 남극의 노인성이라고도 불린다. 트로이 전쟁 때, 그리스 영웅들이 황금의 모피를 구하기 위해 아르고선(Argo船)을 탔고, 그 배가 하늘에 도착해서는 별자리가 되었는데, 그 배의 조타수였던 카노푸스(Canopus)도 별이 되었다고 한다.
　　그 카노푸스별은 시력이 좋은 사람만 볼 수 있어 중국에서는 노인성(老人星)이라는 별칭이 붙었다고 한다. 옛날 사람들은 이 노인성을 인간의 수명을 좌우하는 신으로 믿었다. 그래서 그를 본 사람은 천 살까지 살 수 있다고 한다. 귤은 선생은 이 바위가 수성을 직접 보았기에 이렇게 무녕이에서 천년만년 장수하고 있다고 믿었던 것 같다.

　　10) 동백꽃에 대한 이야기를 하나 더 해야겠다. 옛날 어느 나라에 후손을 두지 못한 포악한 왕이 살고 있었다. 자신이 죽으면 동생의 두 아들 중 한 사람이 왕위를 물려받게 되어 있었다. 심술이 난 왕은 두 조카를 없애 버릴까 골몰하고 있었다. 이를 눈치 챈 동생은 두 아들을 멀리 보내고, 아들을 닮은 두 소년을 데려다 놓았다. 그것마저 눈치 챈 왕은 동생의 친아들 둘을 잡아다가 죄인으로 몰아 동생에게 죽이게 하였다. 차마 아들을 죽이지 못한 동생은 스스로 목숨을 끊었고, 이 광경을 목격한 두 아들도 새가 되어 날아갔다. 동생이 죽은 그 자리에는 동백나무가 자라게 되었고, 그 나무가 크게 자라자 두 아들이 새가 된 채로 날아와 살게 되었다고 한다. 그 새가 바로 '동박새' 이다. 동백은 바로 이 동박새 때문에 추운 겨울에도 공생하며 열매를 맺는다.

　　11) 뚱딴지 같은 생각 끝에 떠오르는 것은 시조 시인 이태극의 「낙조」이다.

어허 저거, 물이 끓는다. 구름이 마구 탄다.
둥둥 원구(圓球)가 검붉은 불덩이다.
수평선 한 지점 위로 머문 듯이 접어든다.

큰 바퀴 피로 물들며 반 남아 잠기었다.
먼 뒤 섬들이 다시 환히 얼리더니
아차차, 채운(彩雲)만 남고 정녕 없어졌구나.

구름 빛도 가라앉고 섬들도 그림진다.
끓던 물도 검푸르게 잔잔히 숨더니만
어디서 살진 반달이 함(艦)을 따라 웃는고

작가는 1957년 해군 함정을 타고 서해 해상을 지나며 이 시를 읊었다고 한다. 아마 용연에서 이 광경을 보아도 마찬가지였으리라.

참고 문헌

곽영보, 『거문도풍운사』, 삼화문화사, 1987.

김 류, 『국역 귤은재문집』, 귤은재문집성간위원회, 1984.

김갑인 외, 『삼산면지』, 삼산면지발간추진위원회, 2000.

김계유, 『여수·여천 발전사』, 반도문화사, 1988.

김병호, 「삼려 지역 유물 유적의 보존 실태」, 여수지역사회연구소, 1996.

김윤식 외, 「백도자원학술조사보고서」, 여수시청, 2002.

김준옥, 『여수 아으동동다리』, 민속원, 2004.

이유미, 『우리 나무 백가지』, 현암사, 1998

여천군, 『마을유래지』, 여천군마을유래지편찬위원회, 1991.

전라남도, 『도서지』, 동진문화사, 1995.

정태현·이우철, 「거문도식물조사연구」, 『성대논문집 11』, 1996.

조선왕조실록 『세종실록』

빛깔있는 책들 301-42

거문도와 백도

첫판 1쇄   2005년 7월 5일 인쇄
첫판 1쇄   2005년 7월 15일 발행

글   김준옥
사 진   황의동

발 행 인   장세우
기획 편집   김분하, 장영호
미   술   김지형
총   무   이훈, 정문철, 도은아
영   업   강승일, 김민욱

발 행 처   주식회사 대원사
            우편번호 140-901
            서울 용산구 후암동 358-17
            전화번호 (02) 757-6717~9
            팩시밀리 (02) 775-8043
            등록번호 제 3-191호

http://www.daewonsa.co.kr

값 8,500원

Daewonsa Publishing Co., Ltd.
Printed in Korea 2005

ISBN 89 - 369 - 0257 - 1   04980

빛깔있는 책들

민속(분류번호:101)

고미술(분류번호:102)

불교 문화(분류번호:103)

음식 일반(분류번호:201)

건강 식품(분류번호:202)

105 민간 요법   181 전통 건강 음료

즐거운 생활(분류번호:203)

67 다도   68 서예   69 도예   70 동양란 가꾸기   71 분재
72 수석   73 칵테일   74 인테리어 디자인   75 낚시   76 봄가을 한복
77 겨울 한복   78 여름 한복   79 집 꾸미기   80 방과 부엌 꾸미기   81 거실 꾸미기
82 색지 공예   83 신비의 우주   84 실내 원예   85 오디오   114 관상학
115 수상학   134 애견 기르기   138 한국 춘란 가꾸기   139 사진 입문   172 현대 무용 감상법
179 오페라 감상법   192 연극 감상법   193 발레 감상법   205 쪽물들이기   211 뮤지컬 감상법
213 풍경 사진 입문   223 서양 고전음악 감상법   251 와인   254 전통주

건강 생활(분류번호:204)

86 요가   87 볼링   88 골프   89 생활 체조   90 5분 체조
91 기공   92 태극권   133 단전 호흡   162 택견   199 태권도
247 씨름

한국의 자연(분류번호:301)

93 집에서 기르는 야생화   94 약이 되는 야생초   95 약용 식물   96 한국의 동굴
97 한국의 텃새   98 한국의 철새   99 한강   100 한국의 곤충   118 고산 식물
126 한국의 호수   128 민물고기   137 야생 동물   141 북한산   142 지리산
143 한라산   144 설악산   151 한국의 토종개   153 강화도   173 속리산
174 울릉도   175 소나무   182 독도   183 오대산   184 한국의 자생란
186 계룡산   188 쉽게 구할 수 있는 염료 식물   189 한국의 외래·귀화 식물
190 백두산   197 화석   202 월출산   203 해양 생물   206 한국의 버섯
208 한국의 약수   212 주왕산   217 홍도와 흑산도   218 한국의 갯벌   224 한국의 나비
233 동강   234 대나무   238 한국의 샘물   246 백두고원   256 거문도와 백도

미술 일반(분류번호:401)

130 한국화 감상법   131 서양화 감상법   146 문자도   148 추상화 감상법   160 중국화 감상법
161 행위 예술 감상법   163 민화 그리기   170 설치 미술 감상법   185 판화 감상법
191 근대 수묵 채색화 감상법   194 옛 그림 감상법   196 근대 유화 감상법   204 무대 미술 감상법
228 서예 감상법   231 일본화 감상법   242 사군자 감상법

역사(분류번호:501)

252 신문